北京理工大学"双一流"建设精品出版工程

Phase Transition of Metallic Materials
—Metallographic Atlas

金属材料相变
——组织图谱

熊志平　程兴旺 ◎ 主　编
李　硕　尉贺宝 ◎ 副主编

北京理工大学出版社
BEIJING INSTITUTE OF TECHNOLOGY PRESS

版权专有　侵权必究

图书在版编目（CIP）数据

金属材料相变：组织图谱／熊志平，程兴旺主编.
北京：北京理工大学出版社，2025.7.
ISBN 978－7－5763－5605－2

Ⅰ．TG14－64
中国国家版本馆 CIP 数据核字第 2025ME5653 号

责任编辑：徐艳君　　　**文案编辑**：徐艳君
责任校对：周瑞红　　　**责任印制**：李志强

出版发行／北京理工大学出版社有限责任公司
社　　址／北京市丰台区四合庄路 6 号
邮　　编／100070
电　　话／（010）68944439（学术售后服务热线）
网　　址／http：//www.bitpress.com.cn

版 印 次／2025 年 7 月第 1 版第 1 次印刷
印　　刷／廊坊市印艺阁数字科技有限公司
开　　本／710 mm×1000 mm　1/16
印　　张／11.5
字　　数／174 千字
定　　价／52.00 元

图书出现印装质量问题，请拨打售后服务热线，负责调换

前言

在当今材料科学蓬勃发展的时代，金属材料作为重要分支，其相变及微观组织相关知识的深入探究对于推动行业进步至关重要。我们精心编撰了《金属材料相变——组织图谱》一书，旨在为广大读者，尤其是材料相关专业的学生以及从业者，提供一本全面且极具实用价值的专业书籍。

上海中研仪器制造有限公司，凭借其二十载的技术沉淀，所生产的仪器设备广泛应用于金属材料的金相分析、性能测试等关键环节，为金属材料研究与生产实践提供了不可或缺的技术支撑。在本书编撰过程中，上海中研仪器制造有限公司贡献了大量源于实际生产检测的一手案例与翔实数据，制备了金相样品和提供了金相图片，使得本书内容紧密贴合实际应用场景，具备极强的可操作性，能让读者学以致用。

值得一提的是，本书对于中国大学生材料热处理创新创业大赛和全国大学生金相大会有着重要的支撑作用。参赛者们围绕金属材料热处理工艺和金相分析展开探索，而本书所涵盖的关于Fe-C相图、过冷奥氏体转变曲线、各类钢的热处理工艺和微观组织演变以及金相制备等内容，无疑为参赛者们提供了扎实的理论基础和丰富的实践参考。

我们衷心希望，凭借北京理工大学的学术优势与上海中研仪器制造有限公司的实践助力，这本书能够成为广大读者在金属材料领域学习、研究与实践的得力助手。

编　者

目　录
CONTENTS

第1章　Fe-C相图 ········· 001
第2章　过冷奥氏体转变曲线 ········· 004
　2.1　过冷奥氏体等温转变曲线 ········· 004
　2.2　过冷奥氏体连续冷却转变曲线 ········· 010
第3章　钢铁的微观组织 ········· 014
　3.1　奥氏体 ········· 015
　3.2　铁素体 ········· 016
　　3.2.1　多边形铁素体 ········· 017
　　3.2.2　针状铁素体 ········· 018
　　3.2.3　魏氏体铁素体 ········· 019
　　3.2.4　网状铁素体 ········· 020
　3.3　珠光体 ········· 021
　　3.3.1　普通珠光体 ········· 022
　　3.3.2　索氏体 ········· 024
　　3.3.3　屈氏体 ········· 024
　3.4　球状珠光体 ········· 026

- 3.5 贝氏体 ······ 028
  - 3.5.1 上贝氏体 ······ 030
  - 3.5.2 下贝氏体 ······ 031
  - 3.5.3 无碳化物贝氏体 ······ 033
  - 3.5.4 纳米贝氏体 ······ 033
- 3.6 马氏体 ······ 034
  - 3.6.1 板条马氏体 ······ 036
  - 3.6.2 片状马氏体 ······ 038
- 3.7 回火马氏体 ······ 040
  - 3.7.1 回火马氏体 ······ 040
  - 3.7.2 回火屈氏体 ······ 041
  - 3.7.3 回火索氏体 ······ 041
- 3.8 表层脱碳 ······ 043

第4章 铸铁的微观组织 ······ 045
- 4.1 生铁 ······ 046
  - 4.1.1 共晶生铁 ······ 046
  - 4.1.2 过共晶生铁 ······ 047
  - 4.1.3 亚共晶生铁 ······ 048
- 4.2 灰铸铁 ······ 049
  - 4.2.1 A 型石墨 ······ 051
  - 4.2.2 B 型石墨 ······ 052
  - 4.2.3 C 型石墨 ······ 053
  - 4.2.4 F 型石墨 ······ 054
  - 4.2.5 D 型石墨 ······ 055
  - 4.2.6 E 型石墨 ······ 056
  - 4.2.7 铁素体基体灰铸铁 ······ 056
  - 4.2.8 珠光体基体灰铸铁 ······ 057
  - 4.2.9 磷共晶在灰铸铁 ······ 058
- 4.3 球墨铸铁 ······ 059

4.3.1	铁素体基体球墨铸铁	061
4.3.2	铁素体 + 珠光体基体球墨铸铁	061
4.4	蠕墨铸铁	062

第5章 钢的常用热处理工艺 … 064

- 5.1 工业纯铁 … 064
- 5.2 碳素结构钢 … 065
- 5.3 45号钢的正火处理 … 068
- 5.4 45号钢的退火处理 … 070
- 5.5 45号钢的淬火处理 … 071
- 5.6 45号钢的回火处理 … 075

第6章 过共析钢的热处理 … 079

- 6.1 热加工和正火 … 080
- 6.2 预备热处理——球化退火 … 082
- 6.3 最终热处理 … 085
  - 6.3.1 淬火 – 回火 … 085
  - 6.3.2 等温淬火 … 087
- 6.4 冷变形的影响 … 088
- 参考文献 … 090

第7章 表面热处理 … 093

- 7.1 感应加热表面热处理 … 093
- 7.2 渗碳 … 095
- 7.3 碳氮共渗 … 100
- 7.4 渗氮 … 103
- 7.5 氮碳共渗 … 104
- 7.6 氮碳共渗 + 后氧化 … 106

第8章 工程案例 … 107

- 8.1 螺纹钢 … 107
- 8.2 管线钢 … 108

8.3 淬火-回火工艺 ·· 110
  8.3.1 75号钢 ·· 110
  8.3.2 C35号钢 ·· 110
  8.3.3 4140钢 ·· 111
  8.3.4 42CrMo钢 ·· 111
  8.3.5 40Cr钢 ·· 113
8.4 工模具钢 ·· 114
  8.4.1 GCr15高碳铬轴承钢 ··· 114
  8.4.2 SUJ2高碳铬轴承钢 ·· 114
  8.4.3 1.2343ESR热作模具钢 ·· 116
  8.4.4 H13热作模具钢 ··· 117
  8.4.5 75Cr1冷作工具钢 ·· 117
  8.4.6 Cr12MoV冷作工具钢 ·· 118
  8.4.7 6542高速钢 ··· 120
  8.4.8 440B不锈钢 ··· 121
  8.4.9 440C不锈钢 ··· 123
8.5 表面热处理 ··· 124
  8.5.1 20MnCr5渗碳 ··· 124
  8.5.2 20CrMoTiH渗碳 ·· 126
  8.5.3 SCM420渗碳 ··· 129
  8.5.4 Q235渗碳 ··· 130
  8.5.5 16Mn钢碳氮共渗 ·· 131
  8.5.6 35号钢碳氮共渗 ·· 133
  8.5.7 SPCC碳氮共渗 ·· 134
  8.5.8 SWCH25K碳氮共渗 ··· 135
  8.5.9 42CrMo渗氮 ·· 136
  8.5.10 16MnCr5氮碳共渗 ·· 138

第9章 金属材料组织 ·· 139
9.1 其他钢铁材料 ··· 139

    9.1.1 17-4PH 沉淀硬化不锈钢 ……………………………………… 139
    9.1.2 316 不锈钢 ……………………………………………………… 139
    9.1.3 铸铁焊接 ………………………………………………………… 141
  9.2 铝硅合金 ……………………………………………………………… 141
  9.3 钛合金 ………………………………………………………………… 143
    9.3.1 等轴组织 ………………………………………………………… 144
    9.3.2 双态组织 ………………………………………………………… 144
    9.3.3 网篮组织 ………………………………………………………… 145
    9.3.4 魏氏组织 ………………………………………………………… 146

第10章 金相制备 148

  10.1 镶嵌 ………………………………………………………………… 149
    10.1.1 热镶嵌 ………………………………………………………… 150
    10.1.2 冷镶嵌 ………………………………………………………… 152
    10.1.3 真空镶嵌 ……………………………………………………… 154
  10.2 磨制 ………………………………………………………………… 155
    10.2.1 粗磨 …………………………………………………………… 156
    10.2.2 精磨 …………………………………………………………… 157
  10.3 抛光 ………………………………………………………………… 159
  10.4 腐蚀 ………………………………………………………………… 162
  10.5 金相观察 …………………………………………………………… 164
  10.6 组织缺陷及其改进措施 …………………………………………… 166
    10.6.1 腐蚀程度深浅 ………………………………………………… 166
    10.6.2 腐蚀液残留 …………………………………………………… 166
    10.6.3 晶粒泛黄 ……………………………………………………… 167
    10.6.4 组织塑性变形 ………………………………………………… 168
    10.6.5 假象 …………………………………………………………… 168
    10.6.6 麻点 …………………………………………………………… 169
    10.6.7 黄斑 …………………………………………………………… 170

参考文献 …………………………………………………………………… 172

第 1 章
Fe–C 相图

Fe–C 相图，是描述铁（Fe）和碳（C）组成的合金在不同温度和碳含量下所呈现的不同相的平衡关系的图形。在 Fe–C 相图中，横坐标表示碳的质量分数，纵坐标表示温度，相图中包含了不同的相，如液相（Liquid，L）、奥氏体（Austenite，A）、铁素体（Ferrite，F）、渗碳体（Cementite，Fe_3C）等，如图 1–1 所示。不同的相具有不同的晶体结构和性能特点，如奥氏体为面心立方结构（FCC）、铁素体为体心立方结构（BCC）。值得注意的是，还包含珠光体（Pearlite，P）、莱氏体（Ledeburite，Ld）和变态莱氏体（Metamorphic ledeburite，Ld'）组织。

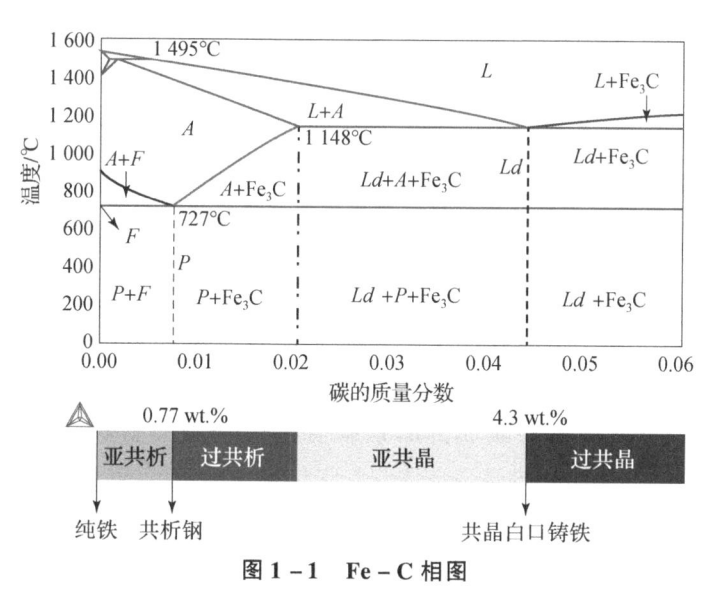

图 1–1 Fe–C 相图

Fe-C 相图对于理解钢铁材料的热处理工艺、微观组织演变等方面具有至关重要的意义，比如通过相图可以确定在不同温度和成分条件下，合金中存在的相和组织的种类、相对含量，从而为钢铁材料的生产、加工和应用提供理论依据。利用 Thermo-Calc 等热力学软件可以计算 Fe-C 相图，如图 1-1 所示，在 1 495 ℃发生包晶反应，在 1 148 ℃发生共晶反应，在 727 ℃发生共析反应。

包晶反应决定了合金在凝固过程中的组织转变和成分分布，它是指在 1 495 ℃下，一定成分范围内的液相（L）和 δ-铁素体（δ-Fe）反应生成奥氏体（A）。反应式为 $L(0.53\%C) + \delta\text{-Fe}(0.09\%C) \rightarrow A(0.17\%C)$。对于一些特定成分的合金，包晶反应可能导致不均匀的组织形成，从而影响材料的性能。在铸造过程中，可以调整冷却速度，以避免包晶反应引起的组织缺陷。

共析反应对钢铁材料的性能有着关键影响，它是指奥氏体在 727 ℃时转变为铁素体和渗碳体的机械混合物，这个混合物被称为珠光体，反应式为 $A(0.77\%C) \rightarrow F(0.0218\%C) + \text{Fe}_3\text{C}(6.69\%C)$。通过控制共析反应的条件，如冷却速度、合金成分等，可以调整珠光体的比例和形态，从而改变材料的性能。例如，缓慢冷却有利于形成层片状的珠光体，而快速冷却可能导致珠光体细化甚至形成其他非平衡组织，如贝氏体（Bainite，B）或马氏体（Martensite，M）。

共晶反应是一个关键的相变过程，反应式为 $L(4.3\%C) \rightarrow A(2.11\%C) + \text{Fe}_3\text{C}(6.69\%C)$，即液相在 1 148 ℃下转变为奥氏体和渗碳体的机械混合物，这个混合物被称为莱氏体。在随后的冷却过程中，奥氏体可能会进一步发生相变，形成不同的组织形态。如果冷却速度较慢，奥氏体可能转变为珠光体，此时的莱氏体称为变态莱氏体。因为共晶成分的铁碳合金流动性好，凝固时容易形成致密的组织，所以在铸造生产中得到广泛应用。例如，灰铸铁就是一种以共晶成分或接近共晶成分的铁碳合金为基础的材料，其铸造性能良好，成本较低。

为提高钢铁材料的力学性能和服役性能，通常需加入合金元素，如铬（Cr）、锰（Mn）、硅（Si）、镍（Ni）、铝（Al）等。合金元素的加入，会对 Fe-C 相图产生影响。一方面，会影响相区。如加入 Mn、Ni 等元素，可以扩大奥氏体相区；加入 Cr、Si 等元素，可以缩小奥氏体相区（图 1-2）。另一方面，会影响共晶点和共析点。如加入 Mn、Si 等元素，会使共析点左移；加入 Nb（铌）等元素，会使共析点右移。值得注意的是，合金元素的加入还会影响性能。如 Cr、Ni 等元素可以在钢的表面形成一层致密的氧化膜，阻止氧气、水分和其他腐蚀性介质与钢的表面接触，从而提高钢的耐腐蚀性；硫（S）、铅（Pb）等元素可以改善钢的切削性能，使钢在切削加工过程中更容易断屑，降低刀具磨损；铜（Cu）元素可以在钢的表面和内部形成均匀弥散分布的富铜相，当细菌接触到钢的表面时，富铜相中的铜会释放出铜离子，发挥抗菌作用。

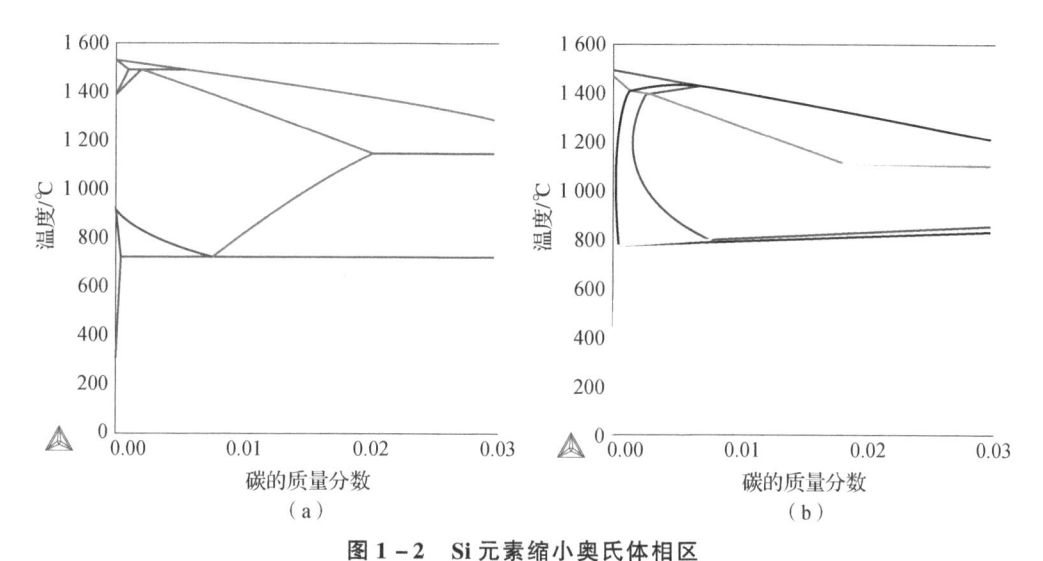

(a)

(b)

图 1-2　Si 元素缩小奥氏体相区

(a) 0 wt.% Si；(b) 3 wt.% Si

第 2 章
过冷奥氏体转变曲线

2.1 过冷奥氏体等温转变曲线

Fe-C 平衡相图是在极其缓慢的冷却条件下得到的，反映的是平衡状态下铁碳合金的相变情况。实际生产中，钢的冷却速度往往较快，过冷奥氏体的转变是在非平衡条件下进行的。由此可见，虽然 Fe-C 平衡相图是研究铁碳合金的重要工具，但为了更准确地了解钢在实际热处理过程中的相变行为，制定合理的热处理工艺，还需要研究过冷奥氏体等温转变曲线。

过冷奥氏体等温转变曲线（Time-Temperature-Transformation curve），即 TTT 曲线，主要反映了过冷奥氏体在不同温度下等温转变的规律，即过冷奥氏体在不同温度下保温时，转变为不同产物所需的时间。它对于研究钢的热处理过程以及预测钢在不同热处理条件下的组织转变具有重要意义。通过 TTT 曲线，可以确定钢在不同温度下的相变开始时间、相变结束时间以及相变产物的类型和比例，从而为制定合理的热处理工艺提供依据。

以共析钢的 TTT 曲线为例，如图 2-1 所示，TTT 曲线一般呈 C 字形，横坐标为时间，纵坐标为温度，图形上标示着不同的相。曲线的左边为过冷奥氏体转变开始线，右边为转变结束线。过冷奥氏体在转变开始前需要一定的时间进行孕育，即存在一个转变的准备阶段。随着温度的降低，相变驱动力增加，使得孕育期降低；但是随着温度的继续下降，虽然相变驱动力继续增大，但是原子的扩散速度也在继续降低，使得孕育期反而增加。因此，

TTT 曲线呈 C 字形。在 C 字形曲线的"鼻尖"处，过冷奥氏体的稳定性最小，转变速度最快。

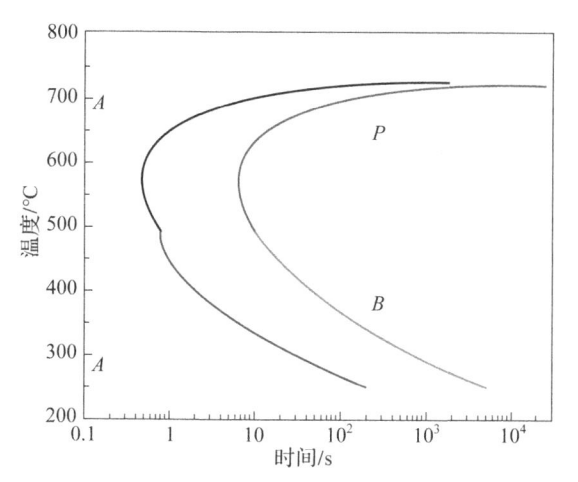

图 2-1　利用 JMatPro 软件计算的共析钢的 TTT 曲线

在较高温度区间，过冷奥氏体转变为珠光体。珠光体是铁素体和渗碳体的层片状混合物，根据转变温度的不同，珠光体又可分为粗珠光体、细珠光体和索氏体等。随着转变温度的降低，依次形成粗珠光体、细珠光体和索氏体。在中等温度区间，过冷奥氏体转变为贝氏体。贝氏体是由铁素体和碳化物组成的组织，根据形态的不同，贝氏体可分为上贝氏体和下贝氏体。在较高温度等温获得上贝氏体，在较低温度等温获得下贝氏体。在较低温度区间，过冷奥氏体转变为马氏体。马氏体是碳在 $\alpha-Fe$ 中的过饱和固溶体，具有很高的硬度和强度。

TTT 曲线主要受碳含量、合金元素、加热温度和保温时间，以及原始组织等的影响。

1. 碳含量

在共析钢的基础上，当碳含量降低，则会得到亚共析钢。以 Fe-0.4C-1.0Mn-1.0Si(wt.%) 亚共析钢为例，如图 2-2 所示，与共析钢 TTT 曲线最大的区别是存在先共析相铁素体（F）。对于亚共析钢来说，随着碳含量的增加，因为先析出相铁素体在形核时，需要碳原子扩散到临近区域，从而获得贫碳区域，所以 TTT 曲线向右移动。

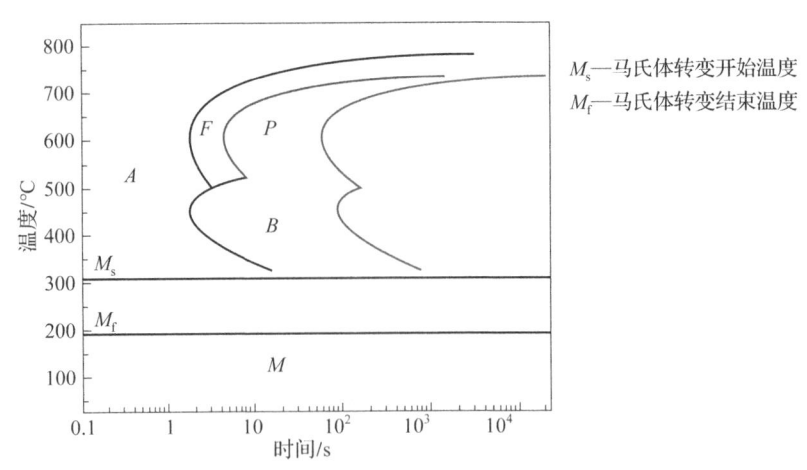

图 2-2 利用 JMatPro 软件计算的 Fe-0.4C-1.0Mn-1.0Si(wt.%)亚共析钢的 TTT 曲线

在共析钢的基础上，当碳含量增加，则会得到过共析钢。以某过共析钢为例，如图 2-3 所示，与共析钢 TTT 曲线最大的区别是存在先共析相渗碳体（Fe_3C）。对于过共析钢来说，随着碳含量的增加，因为先析出相渗碳体在形核时，需要碳原子扩散过来，从而获得富碳区域，所以 TTT 曲线向左移动。

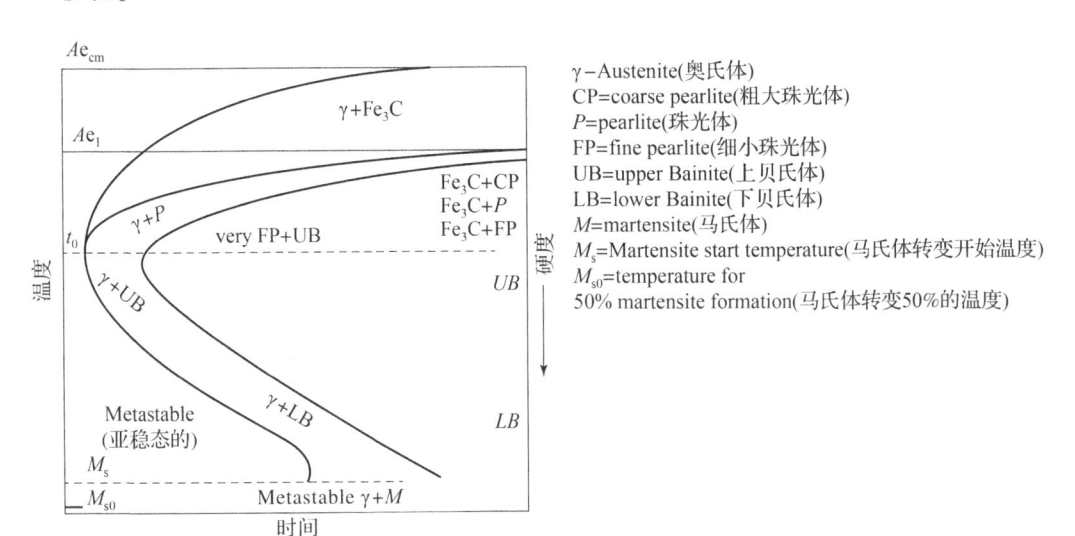

图 2-3 某过共析钢的 TTT 曲线

2. 合金元素

除了钴（Co），大多数合金元素如镍、锰、硅、钨（W）、钼（Mo）等溶入奥氏体中，都会使 TTT 曲线向右移动。这意味着过冷奥氏体的稳定性增加，在相同的过冷度下，转变开始和结束的时间都延长，孕育期变长。例如，在碳钢中加入一定量的镍，其 TTT 曲线会明显右移，这使得钢在冷却过程中更不容易发生相变，需要更长的时间才能完成奥氏体向其他组织的转变。这种特性对于需要提高钢的淬透性非常有利，即能够使钢在较厚的截面处也能获得均匀的组织和性能。值得注意的是，钴和铝都可以促进贝氏体的形成，使孕育期减小。

合金元素对 TTT 曲线的影响比较复杂，一些合金元素可能会使 TTT 曲线的"鼻尖"温度降低、变平缓或消失。例如，铬、钼等合金元素的加入，会使曲线的"鼻尖"温度降低，并且使曲线在"鼻尖"附近的斜率变小，这意味着在该温度范围内过冷奥氏体的稳定性变化相对较小，从而扩大了钢在该温度区间内的淬透性范围。某些合金元素还可能使 TTT 曲线出现两个"鼻尖"，这是由于合金元素的加入导致了奥氏体转变过程的复杂性增加，出现了不同的转变机制或阶段。合金元素的加入，使得 TTT 曲线呈现多样性，主要有以下六种：

（1）具有单一 C 字形的 TTT 曲线，即 P 与 B 转变重叠，如图 2-1 和图 2-3 所示。

（2）具有双 C 字形的 TTT 曲线，两个"鼻子"在时间轴上相近，在温度轴上不同，P 与 B 部分重叠，如图 2-2 所示。

（3）具有双 C 字形的 TTT 曲线，两个"鼻子"在时间和温度轴上都不相同，P 与 B 部分重叠，如图 2-4 所示。

（4）P 与 B 转变完全分开的 TTT 曲线，如图 2-5 所示。

（5）只有 P 转变区而无 B 转变区（4Cr13）或只有 B 转变区而无 P 转变区（18CrNiV）的 TTT 曲线，如图 2-6 所示。

（6）只有一条碳化物析出线的 TTT 曲线，无 P 和 B 转变区，奥氏体钢会出现这类曲线，如图 2-7 所示。

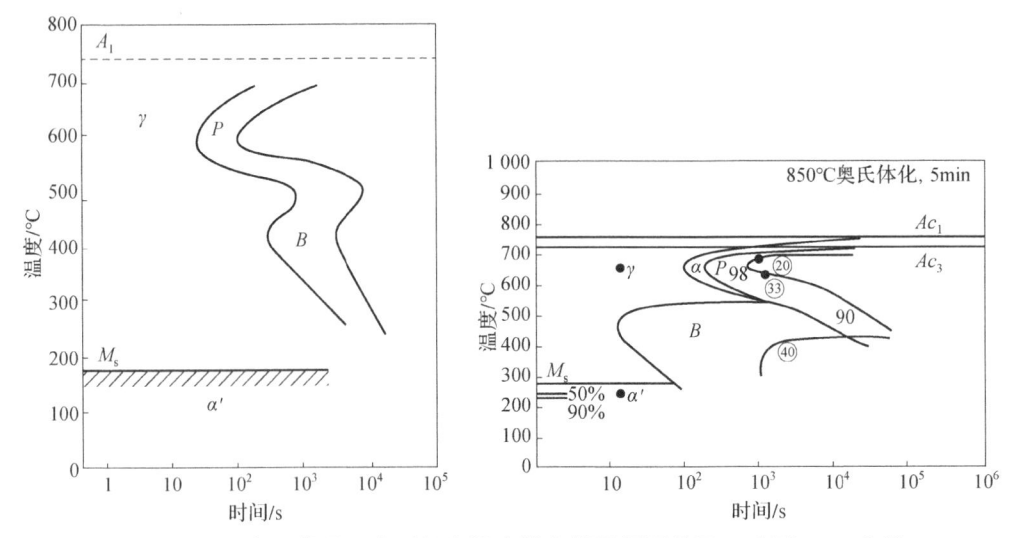

图 2-4 两个"鼻子"在时间和温度轴上都不相同的双 C 字形 TTT 曲线

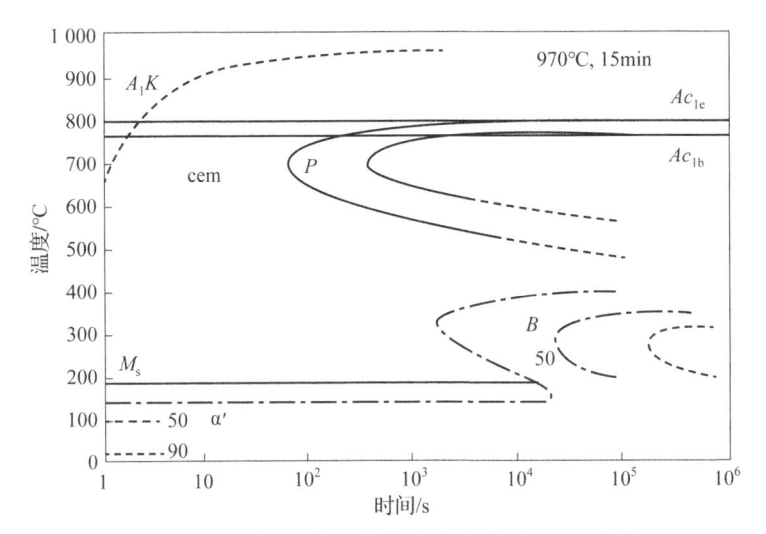

图 2-5 P 与 B 转变曲线完全分开的 TTT 曲线

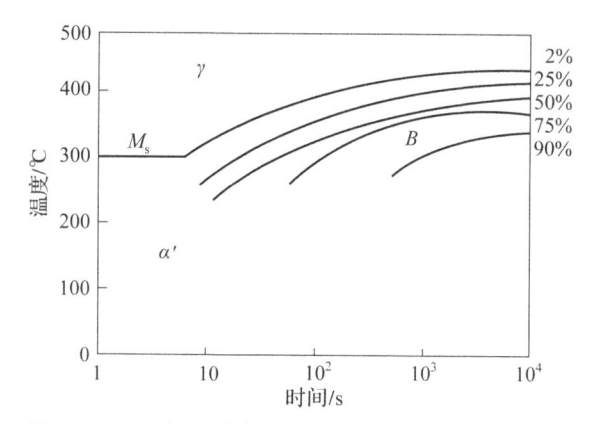

图 2-6 只有 B 转变区而无 P 转变区的 TTT 曲线

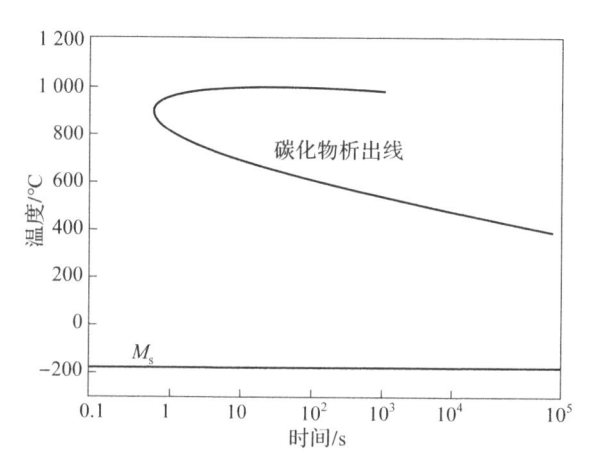

图 2-7 只有一条碳化物析出线的 TTT 曲线

3. 加热温度和保温时间

提高加热温度和延长保温时间，不仅会使奥氏体的晶粒长大，还会促进碳化物的溶解而使成分更加均匀，从而增加过冷奥氏体的稳定性，使 TTT 曲线向右移。

4. 原始组织

在相同的加热条件下，原始组织越细，越容易得到均匀的奥氏体，使得 TTT 曲线右移。不同的原始组织在加热过程中可能会形成不同的奥氏体形态，总的来说，奥氏体晶粒越细小，单位面积的晶界更多，提供了更多的形核点，使等温转变的孕育期越短，加速过冷奥氏体向珠光体的转变；对贝氏体转变有相同的作用,但不如对珠光体的作用大。

2.2 过冷奥氏体连续冷却转变曲线

TTT 曲线主要给出了在不同等温温度下过冷奥氏体转变的开始时间、结束时间以及转变产物的类型等信息。它假设了冷却过程中温度保持恒定,然而在实际生产和应用中,材料的冷却很少是等温的。例如,在金属的热处理过程中,从高温冷却常常是连续变化的过程,而不是停留在某个特定温度进行等温转变。为了反映过冷奥氏体在连续冷却过程中的转变规律,即不同冷却速度下过冷奥氏体转变为不同产物的温度和时间关系,需要测量过冷奥氏体连续冷却转变曲线(Continuous Cooling Transformation curve),即 CCT 曲线。

CCT 曲线对于研究钢的热处理过程以及预测钢在实际冷却条件下的组织转变具有重要意义。通过 CCT 曲线,可以确定钢在不同冷却速度下的相变开始温度、相变结束温度以及相变产物的类型和比例,从而为制定合理的热处理工艺提供依据。如图 2-8 所示,CCT 曲线通常位于 TTT 曲线的右下方。这是因为在连续冷却过程中,过冷奥氏体的过冷度增大使形核多,但是温度降低使原子扩散慢,导致孕育期变长,从而使转变温度和时间都比等温转变时低。

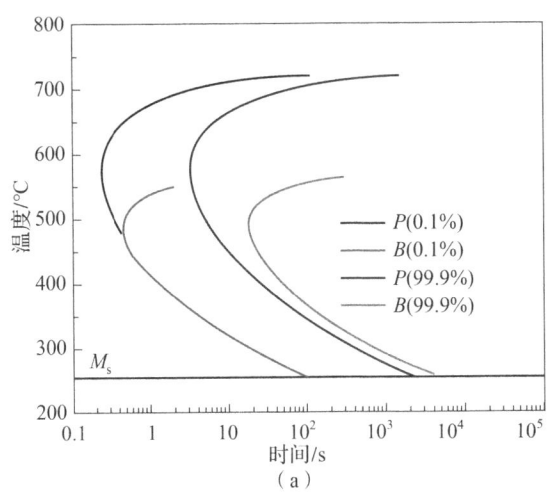

图 2-8 Fe-0.77C-0.1Si(wt.%) 的 TTT 图和 CCT 图

(a) TTT 图

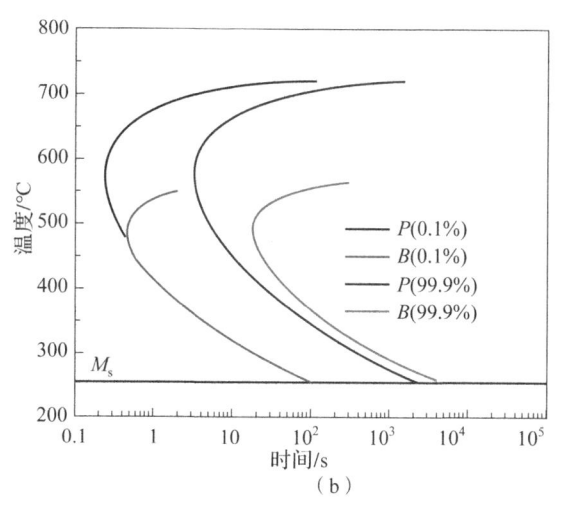

图 2-8 Fe-0.77C-0.1Si(wt.%)的 TTT 图和 CCT 图（续）

(b) CCT 图

CCT 曲线的形状较为复杂，可由多条曲线组成，分别代表不同的转变产物。如图 2-9 所示，在较低的冷却速度下，过冷奥氏体可能转变为铁素体和珠光体；在中等冷却速度下，可能转变为铁素体和贝氏体；在较高的冷却速度下，可能转变为马氏体。

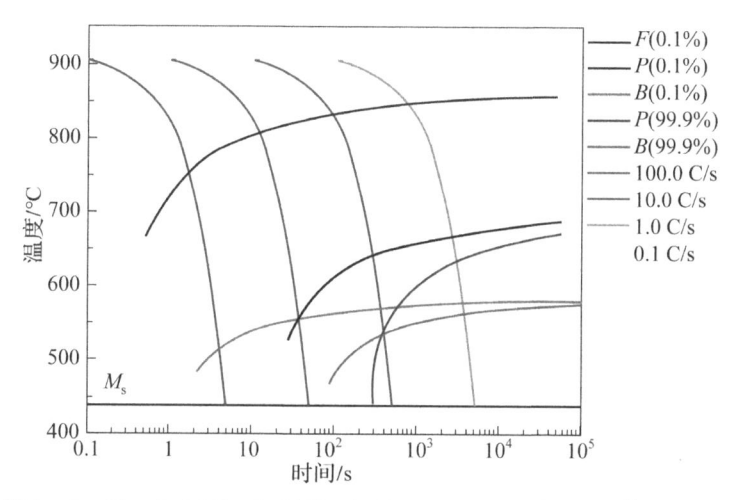

图 2-9 Fe-0.08C-0.81Si-1.47Mn-0.03Al(wt.%)的 CCT 图

CCT 曲线上存在临界冷却速度，即当连续冷却时，在某几个特定的冷却速度下，所得到的组织将发生突变。如图 2-10 所示，随着冷却速度的提升，可以避免珠光体的形成，也可以避免铁素体的形成，还可以避免贝氏体的形成，这些冷却速度都可以成为临界冷却速度。其中，为了使钢件在淬火后得到完全的马氏体组织，钢件的冷却速度应大于某一临界值，此临界值称为临界淬火速度，实际上是获得 100% 马氏体转变的最小的冷却速度。

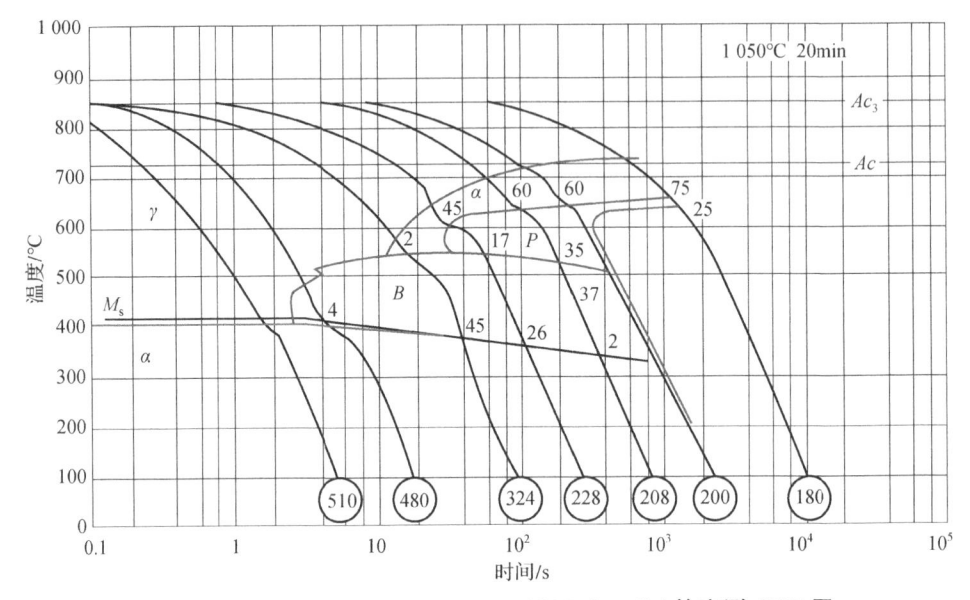

图 2-10　Fe-0.23C-0.45Si-1.32Mn(wt.%) 的实测 CCT 图

值得注意的是，当连续冷却时，在一定的冷却条件下，奥氏体在高温区的转变不能完成，余下的奥氏体则在中温区及低温的马氏体转变区继续转变，最终得到混合组织。亚共析钢和过共析钢有先共析相铁素体和渗碳体析出线，由于先共析相的析出，可以改变奥氏体的碳含量，从而使随后在低温区发生马氏体转变的开始温度发生相应的变化。另外，合金钢的 CCT 图也可以只有珠光体转变无贝氏体转变，或只有贝氏体转变无珠光体转变等多种不同的情况，具体的情况由加入的合金元素种类和数量而定。例如，铬、钼、钨等元素主要影响贝氏体转变区，而镍、锰等元素主要影响珠光体转变区。在连续冷却条件下，通常合金元素的加入会使相变过程中需要涉及合金元素的扩散，然而合金元素的扩散速度比碳元素的扩散速度慢很多，使过冷奥氏体的转变速度降低，从而导致 CCT 曲线右移。随着钢中碳含量的增加，CCT 曲线向右移，即过冷奥氏体的稳定性增加。这是因为碳元素可以提高奥氏体的稳定性，使转变需要更高的温度和更长的时间。同时，碳含量的增加还会使马氏体转变开始温度降低。当奥氏体的晶粒越粗大，单位面积的晶界面积越少，使得形核点减少，从而导致 CCT 图移向右下方。

由此可见，通过 CCT 曲线可以明确不同冷却速度下过冷奥氏体的转变产物，这有助于热处理工程师在实际生产中选择合适的冷却方式和冷却速度，以获得期望的组织和性能。例如，若要得到马氏体组织以提高材料的硬度和强度，就需要使冷却速度大于临界淬火速度；而若要获得珠光体或贝氏体组织以获得较好的韧性和塑性，则需要控制冷却速度在特定范围内。在淬火过程中，CCT 曲线可以帮助确定淬火介质的选择。不同的淬火介质具有不同的冷却能力，通过参考 CCT 曲线，可以选择能够实现所需冷却速度的淬火介质，确保淬火效果。

第 3 章
钢铁的微观组织

钢是一种以铁为主要成分,碳含量在 0.02% 至 2.11% 之间的铁碳合金。铁是钢的基础元素,提供了金属的基本性质。碳含量的不同决定了钢的种类和性能。低碳钢碳含量一般在 0.02% 至 0.25% 之间,具有良好的塑性和焊接性;中碳钢碳含量在 0.25% 至 0.60% 之间,强度和硬度较高;高碳钢碳含量在 0.60% 以上,硬度大但韧性较差。除了铁和碳,钢中还可能含有少量的锰、硅、硫(S)、磷(P)等元素。

纯铁是一种以铁元素为主要成分,杂质含量极少的金属材料。铁含量通常在 99.5 wt.% 以上,杂质元素主要有碳、硅、锰、磷、硫等,但其含量非常低。例如,一般工业纯铁中碳的含量不超过 0.02 wt.%。

碳素钢是以铁和碳为主要成分的合金材料。它具有广泛的应用和独有的特点。碳素钢的碳含量决定其性能,从低碳钢的良好塑性和焊接性,到中碳钢的适中强度与综合性能,再到高碳钢的高硬度但较低的韧性。碳素钢强度适中,可通过热处理等工艺进一步调整性能。在建筑领域,可用于钢结构建筑和桥梁等工程;在机械制造中,是各类零部件的常用材料;在汽车制造领域,可用于车身、底盘等部件。同时,碳素钢成本相对较低,生产工艺较为成熟,在众多行业中发挥着重要的基础作用。

合金钢是在碳素钢的基础上,加入一种或多种合金元素而形成的钢材。虽然碳素钢有其广泛的应用价值,但开发合金钢依然十分必要。在强度方面,合金钢可通过添加特定合金元素达到更高的强度水平,满足航空航天、重型机械等对材料高强度的严苛要求;在韧性和塑性上,合金钢能更好地适应复杂应力环境,如在寒冷地区或汽车碰撞安全领域发挥关键作用;在耐腐蚀性方面,合金钢中如不锈钢含有的铬、镍等元素可形成致密氧化膜,在化工、食品加工等腐蚀性环境中表现卓越;在耐热性和耐磨性上,高温合金及耐磨合金钢可在高温、磨损严重的场合如发动机、矿山机械中稳定运行。此外,合金钢还能满足特殊应用场景需求,推动资源优化利用和可持续发展,为各个领域的发展提供更可靠、高性能的材料选择。

合金钢种类丰富多样,按合金元素含量可分为低合金钢、中合金钢和高合金钢。从性能角度出发,常见的合金钢有高强度合金钢,广泛应用于航空航天、重型机械等领域,以承受巨大载荷;耐腐蚀性合金钢如不锈钢,在化工、食品加工等腐蚀性环境中表现出色;高温合金可在高温环境下保持良好性能,用于航空发动机等高温设备;耐磨合金钢则在矿山机械、工程机械等磨损严重的场合大显身手。此外,还有众多具有特殊性能的合金钢,满足不同领域的特殊需求。

钢中主要成分是铁和碳,不同的碳含量以及各种合金元素的加入,再结合不同的热处理工艺,会使钢呈现出多种微观组织形态。比如平衡态组织,包括铁素体、珠光体、渗碳体、奥氏体、莱氏体等;非平衡态组织,包括针状铁素体、魏氏体铁素体、贝氏体、马氏体等。

3.1 奥氏体

奥氏体在钢铁材料的世界中占据着重要地位。通常情况下,奥氏体只在高温环境中稳定存在,而当冷却至室温时,它会转变为铁素体、马氏体等其他组织形态。这一转变过程是由钢铁的晶体结构变化以及热力学和动力学因素共同作用的结果。

为了让奥氏体在室温下也能稳定存在,人们会加入碳、氮、锰、镍、铬等奥氏体稳定性元素。这些元素能够改变钢的晶体结构和热力学性质,从而有效地提高奥氏体的稳定性。

从微观结构上看(图3-1),奥氏体一般由等轴状的多边形晶粒组成,晶粒内部还存在孪晶。由于奥氏体具有面心立方结构,其原子排列相对紧密且对称,这使得奥氏体具有良好的塑性,在受力时能够发生较为容易的滑移,从而易于进行塑性加工。然而,其强度相对较低。奥氏体具有一定的韧性,在受到冲击或振动时能够吸收能量,降低发生脆性断裂的风险。另外,奥氏体不具有铁磁性,这在一些特定的应用领域,如电磁设备和仪表仪器等方面具有重要价值。

图 3-1 典型的奥氏体组织　　　　讲解视频

3.2 铁素体

铁素体是碳溶解在 α-Fe 中的间隙固溶体,常用符号 F 表示。铁素体具有体心立方晶格,其溶碳能力很低,常温下仅能溶解 0.000 8 wt.% 的碳,在 727 ℃时最大的溶碳能力为 0.02 wt.%。铁基合金在高温下,如高于 800 ℃时,微观组织为面心立方体的奥氏体;当温度下降时,晶体结构转变

第3章 钢铁的微观组织

为体心立方体的铁素体。除了结构的变化,碳原子也需要发生扩散。因此,铁素体的形成一般为扩散型相变。

根据微观形貌的不同,铁素体分为网状铁素体、多边形铁素体、针状铁素体和魏氏体铁素体。如图3-2所示,网状铁素体沿着原奥氏体晶界形核,形成网状分布。当网状铁素体不断长大时,微观形貌变为多边形,此时称为多边形铁素体。由此可知,网状铁素体和多边形铁素体在本质上是一样的,都是通过扩散相变形成的。

当钢中存在夹杂时,如在焊接过程中,夹杂可作为铁素体的形核点,铁素体以针状形态在奥氏体晶内形核并长大,形成针状铁素体。魏氏体铁素体通常在较快的冷却速度下,当钢中的碳含量较高时容易出现;由于冷却速度较快,铁素体在奥氏体晶界上快速形核并沿着一定的晶体学方向向晶内生长,形成魏氏组织。由于针状铁素体和魏氏体铁素体在形成时也涉及碳原子的扩散,因此它们也是扩散型相变。但由于两者针状或片状的形貌,可能存在一小部分切变。

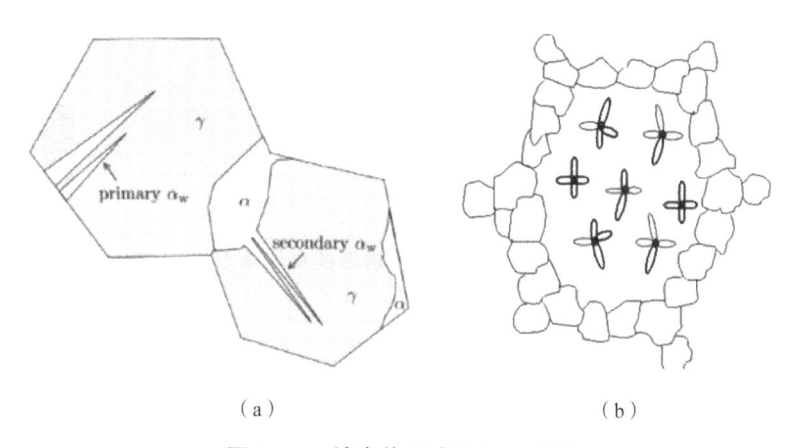

(a) (b)

图3-2 铁素体形成机理示意图

(a) 多边形铁素体和魏氏体铁素体;(b) 网状铁素体和针状铁素体

3.2.1 多边形铁素体

白色等轴晶为多边形铁素体,黑色网络为晶粒之间的边界(图3-3),即晶界。晶界处的原子排列与晶粒内部有着显著的不同,其排列呈现不规则状态。这种不规则的原子排列使得晶界具有较高的自由能。由于自由能高，晶界在特定的环境下更容易被浸蚀，从而形成凹槽，这也是晶界在显微镜下呈现黑色的原因。多边形铁素体具有较低的硬度和良好的塑性、韧性。

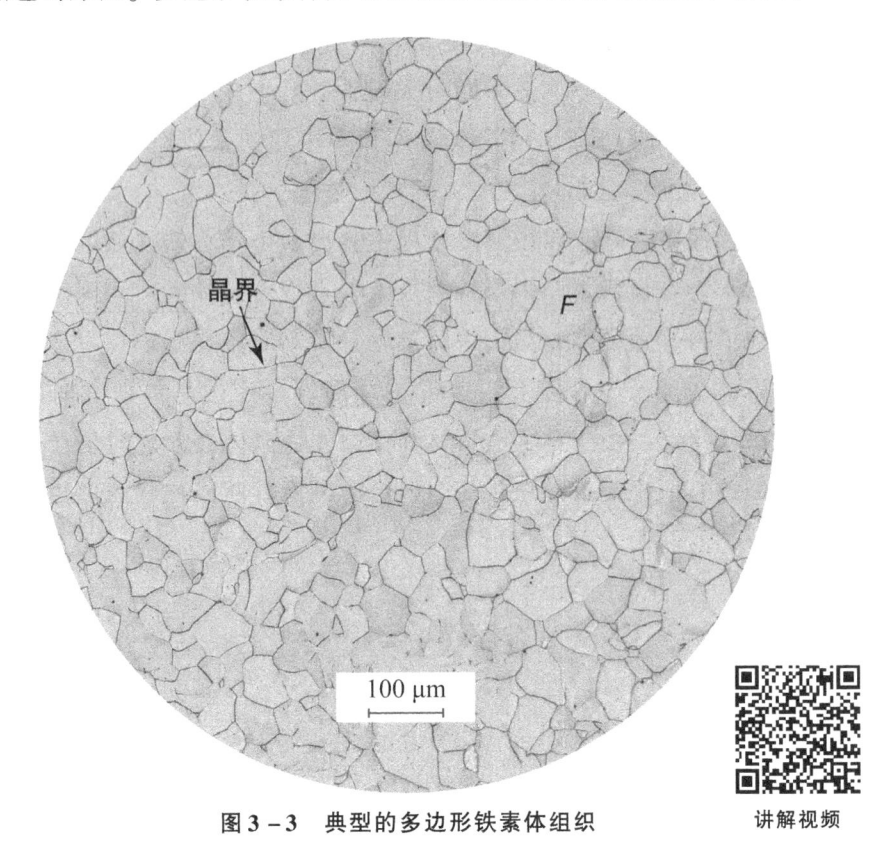

图 3-3　典型的多边形铁素体组织

讲解视频

3.2.2　针状铁素体

针状铁素体（Acicular Ferrite），从二维形态观察，呈现为针状（图 3-4）。一般情况下，针状铁素体在非金属夹杂物处非均匀形核。这些非金属夹杂物为针状铁素体的形成提供了形核点，随后它从这个形核点向许多不同的方向辐射生长。这种生长方式使得针状铁素体在钢中形成一种独特的分布格局。针状铁素体的组织具有连锁结构，这一结构赋予了它卓越的性能，其中最为突出的是其良好的韧性。当材料受到外力作用时，这种连锁结构能够很好地阻止裂纹的扩展。裂纹在遇到针状铁素体组织时，难以轻易地贯穿整个材料，而是被其复杂的结构所阻碍和分散，这使得含有针状铁素体的钢材在承受冲击、振动等动态载荷时表现出更高的可靠性和安全性。

图 3-4 典型的针状铁素体组织

讲解视频

3.2.3 魏氏体铁素体

在钢的过冷转变中还存在一种常见的组织，即魏氏体铁素体（Widmanstätten Ferrite，WF），其在一定的过冷度下形成。一般来说，冷却速度处于一定范围内，既不能太慢导致形成其他较为平衡的组织（如多边形铁素体），也不能太快直接形成马氏体等非平衡组织，这个中间冷却速度区间容易引发魏氏体铁素体的形成。

由于魏氏体铁素体板条快速向原奥氏体晶粒内部生长且在某一方向上速度特别快，因而其在形态上是平行的尖角状（图 3-5）。一次魏氏体铁素体通常呈粗大的针状或片状，从原奥氏体晶界向晶内生长。其尺寸较大，长度可达几十甚至上百微米，宽度也较宽。这些针状或片状的铁素体往往具有较为明显的方向性，大致平行排列。当多边形铁素体先沿着原奥氏体晶界形核时，在合适的条件下，二次魏氏体铁素体可以在多边形铁素体上形核，向剩余奥氏体内部长大。

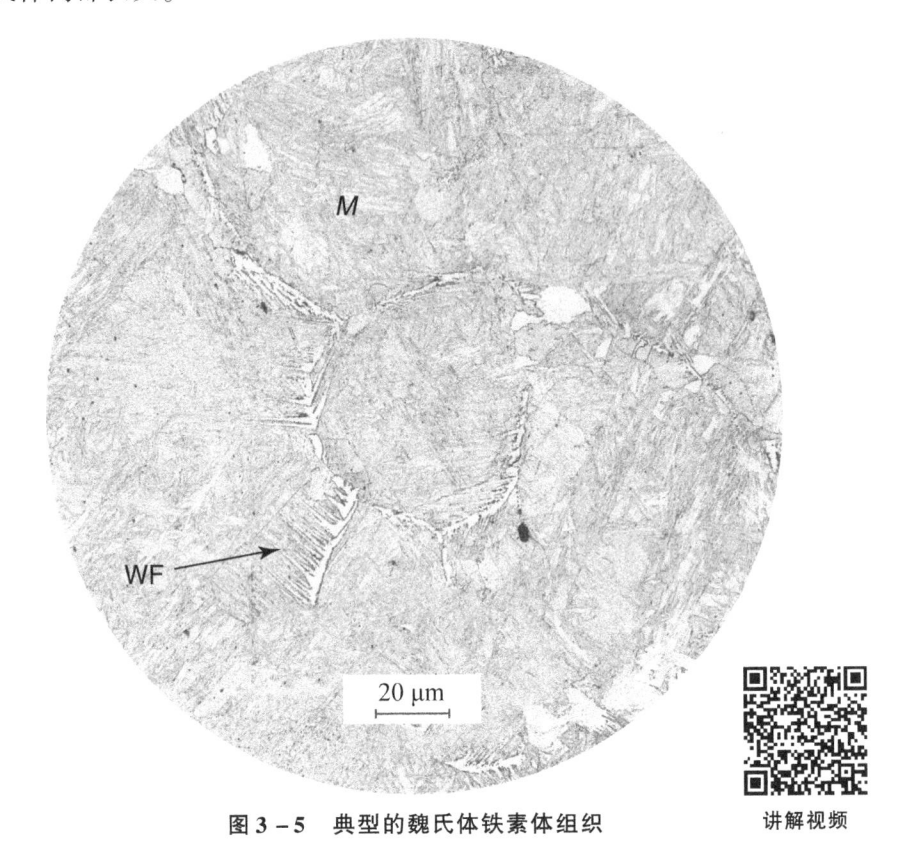

图 3-5　典型的魏氏体铁素体组织

讲解视频

3.2.4　网状铁素体

网状铁素体通常在亚共析钢缓慢冷却的过程中形成，具体表现为沿原始奥氏体晶界析出，呈现出网状形态（图 3-6）。当钢在冷却期间冷却速度较为缓慢时，在奥氏体向铁素体转变的进程中，铁素体易于在晶界处优先析出，随后逐渐长大并连接成网状。比如在一些大型铸钢件或者厚壁钢材里，由于冷却速度不均匀，网状铁素体便容易出现。可以通过调整钢的加热温度、保温时间以及冷却速度等热处理参数来控制网状铁素体的形成。例如，采用适当的正火、淬火等工艺,加快冷却速度,防止铁素体在晶界处优先析出,进而消除网状铁素体。

值得注意的是,网状铁素体是一种平衡态组织,在继续长大后,会转为多边形铁素体。

图 3-6 典型的网状铁素体组织

讲解视频

3.3 珠光体

珠光体是铁素体和渗碳体组成的机械混合物。铁素体具有体心立方结构,它溶碳能力很低,在常温下仅能溶解微量的碳;渗碳体具有复杂的正交结构,渗碳体中碳含量较高,为 6.69 wt.%。珠光体的形成发生在钢从奥氏体状态冷却的过程中,从面心立方的奥氏体转变为体心立方的铁素体和复杂正交结构的渗碳体,同时发生了碳扩散。因此,珠光体转变是一个扩散型相变过程：

$$\gamma(0.77\ \text{wt.\%}) \rightarrow \alpha(0.0218\ \text{wt.\%}) + Fe_3C(6.67\ \text{wt.\%})$$

首先，在奥氏体晶界或晶体缺陷等能量较高的区域，铁素体晶核开始形成，也可能是渗碳体晶核先形成，这是因为这些地方有利于原子的重新排列和聚集（图3-7）。随着铁素体晶核的出现，碳原子开始向周围的奥氏体中扩散。由于铁素体的溶碳能力很低，碳原子在扩散过程中逐渐在铁素体片层间富集。当碳浓度达到一定程度时，渗碳体开始在铁素体片层间析出。铁素体和渗碳体交替生长，形成片层状的珠光体组织。在生长过程中，片层间距逐渐稳定。片层间距取决于相变温度，一般来说，相变温度越低，片层间距越小；基于此，分为普通珠光体、索氏体和屈氏体。

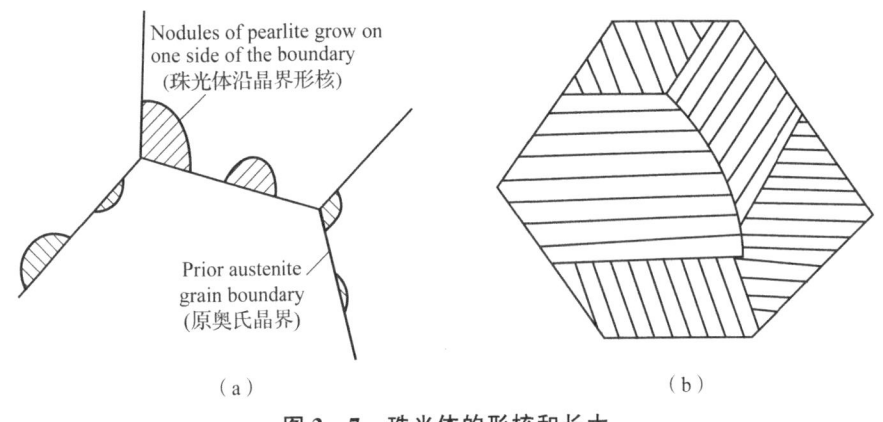

图3-7 珠光体的形核和长大

（a）珠光体沿着原奥氏体晶界形核；（b）珠光体长大

3.3.1 普通珠光体

普通珠光体，如图3-8所示，由白色片层铁素体和黑色片层渗碳体交叠组成。片层间距 $S_0 = 150 \sim 450\ \text{nm}$，光学显微镜下能清晰分辨出片层结构。如果是共析钢，形成温度一般为 A_1（相变点温度）$\sim 650\ ℃$。

在扫描电子显微镜下，如图3-9所示，片层珠光体由黑色片层铁素体和白色片层渗碳体交叠组成。在透射电子显微镜下，如图3-10所示，片层珠光体由白色片层铁素体和黑色片层渗碳体交叠组成。

图 3 - 8　典型的普通珠光体组织

讲解视频

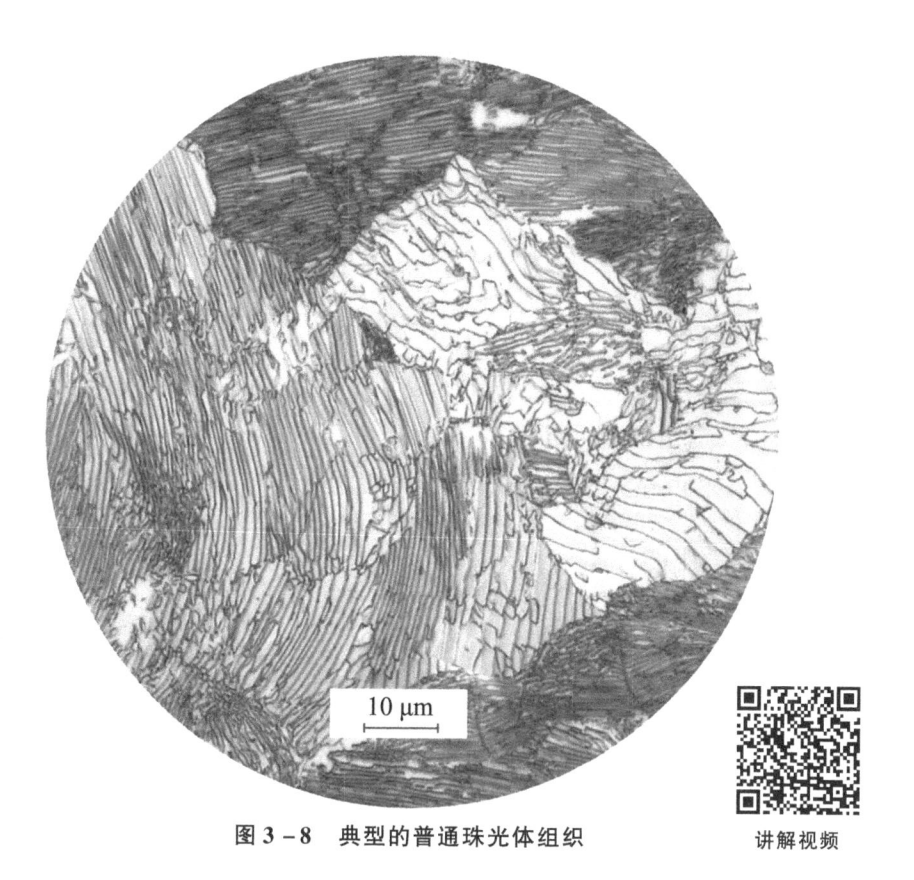

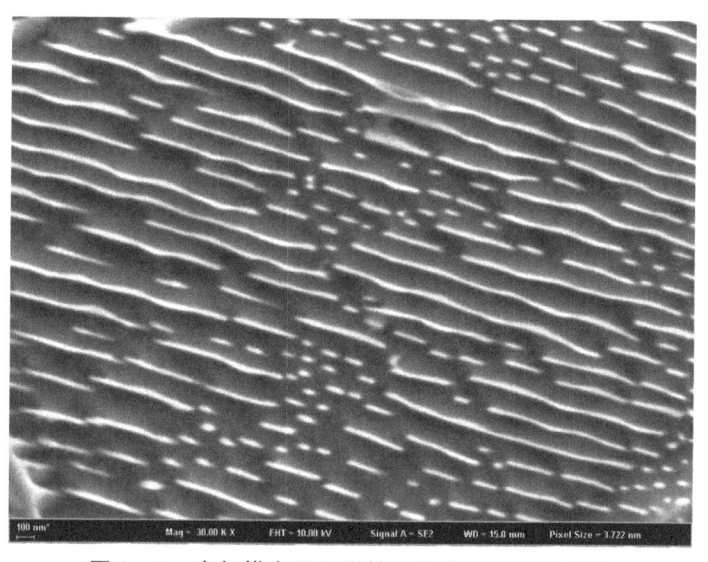

图 3 - 9　在扫描电子显微镜下的典型片层珠光体

图 3-10　在透射电子显微镜下的典型片层珠光体

3.3.2　索氏体

索氏体（S）指的是钢经正火或等温转变所得到的铁素体与渗碳体的机械混合物（图 3-11）。索氏体组织属于珠光体类型的组织，但其组织比珠光体组织细，在光学金相显微镜下放大 600 倍以上才能分辨，其片层厚度为 80~150 nm。值得注意的是，沿着原奥氏体晶界析出了少量的先共析铁素体。

3.3.3　屈氏体

屈氏体也称托氏体（T），与珠光体、索氏体只有粗细之分，并无本质之分；同样地，由白色铁素体和黑色渗碳体交叠组成。在 350~500 ℃范围内奥氏体等温转变形成，片层间距 30~80 nm，即使在高倍光学显微镜下也无法分辨出片层，只有在电子显微镜下才能分辨出片层。如图 3-12 所示，黑色为屈氏体，绝大部分沿着原奥氏体晶界析出；灰色为未转变奥氏体冷却到室温形成的马氏体。

第 3 章　钢铁的微观组织

20 μm

图 3-11　典型的索氏体组织

讲解视频

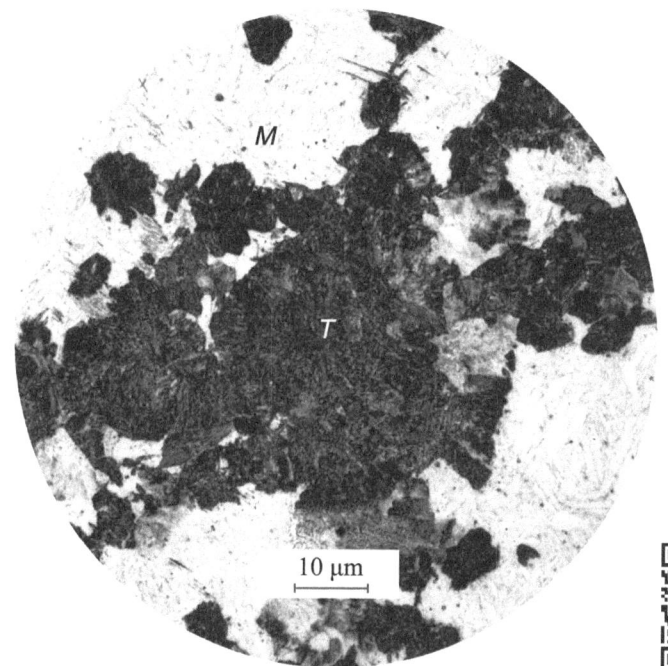

10 μm

图 3-12　典型的屈氏体组织

讲解视频

3.4 球状珠光体

球状珠光体是珠光体的一种特殊形态,它是由铁素体基体和其上分布的球状渗碳体颗粒组成的组织。在球状珠光体中,渗碳体以近似球状的形态分散在铁素体中,这种结构与普通层片状珠光体有明显的区别。如图3-13所示,白色为铁素体基体,白色小颗粒为 Fe_3C;图中部分 Fe_3C 颗粒较为粗大。

图 3-13 典型的球状珠光体组织

讲解视频

在特定的奥氏体化和冷却条件下,可形成粒状珠光体。如图3-14所示,首先,需要奥氏体化温度低(Ac_1以上 10~20 ℃)、保温时间较短,即加热转变未充分进行,此时奥氏体中有许多未溶解的残留碳化物或许多微小的高浓度碳的富集区。其次,转变为珠光体的等温温度要高、等温时间要足够长（Ar_1 以下 20～30 ℃），或冷却速度极慢（10～20 ℃/h），这样可能使渗碳体成为颗粒（球）状，即获得粒状珠光体。

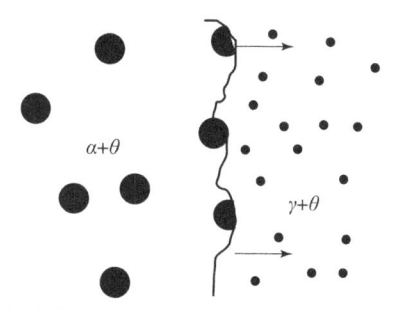

图 3-14　在特定的奥氏体化和冷却条件下，粒状珠光体的形成机理

球状珠光体还可以通过多种方法形成，其中一种常见的方法是将片状珠光体进行球化退火。在球化退火过程中，片状渗碳体发生球化，其主要机制包括渗碳体片层的断开和球化。如图 3-15 所示，由于片状渗碳体中的碳原子存在浓度差异，在加热和保温过程中，碳会在渗碳体的某些局部区域富集，导致渗碳体片层在这些位置断开。随后，断开的渗碳体片段会逐渐球化，最终形成球状渗碳体分布在铁素体中的球状珠光体。

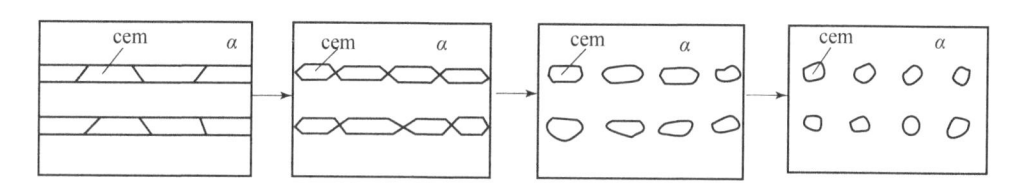

图 3-15　片状渗碳体的球化过程

此外，通过淬火马氏体的高温回火也可以制备球状珠光体组织。在回火初期，马氏体中的碳化物开始析出，这些碳化物最初是细小且弥散分布的。随着回火时间的延长和温度的保持，碳化物会逐渐聚集长大。同时，马氏体的正方度（由于过饱和碳导致的晶格畸变）逐渐减小。由于碳化物的聚集和长大，其形态会从最初的细小颗粒状向近似球状转变，而基体也从高碳马氏体向低碳铁素体转变，最终形成以铁素体为基体，球状碳化物（渗碳体）分布在其中的组织，也就是球状珠光体。

从力学性能角度看，球状珠光体的强度和硬度相对片状珠光体稍低，但塑性和韧性更好。因为球状渗碳体在切削过程中不会像片状渗碳体那样容易引起刀具的磨损和工件表面的撕裂，所以球状珠光体比普通片状珠光体具有更好的切削加工性能。在机械制造领域，对于一些需要良好切削加工性能的零件，如某些齿轮、轴类零件等，常采用球状珠光体组织的钢材。

3.5 贝氏体

贝氏体是钢在珠光体转变温度以下、马氏体转变温度以上的温度范围内，过冷奥氏体发生转变后的产物。它是一种由铁素体和碳化物组成的非层片状组织，因 Edgar C. Bain 于 1934 年在钢中发现这种组织而得名。

20 世纪 50 年代初期，中国学者柯俊在英国伯明翰大学任教期间，与其合作者英国人科垂耳（S. A. Cottrell）率先对钢中贝氏体转变的本质展开研究。他们在预先抛光的样品表面观测到，贝氏体转变时存在与马氏体转变类似的表面浮凸效应，这被公认为是马氏体型切变机制的有力证据。基于此实验现象，他们提出贝氏体转变是受碳扩散控制的马氏体型转变，其中铁和置换式溶质原子进行无扩散切变，而间隙式溶质原子（如碳）则进行有扩散切变。这一观点随后被众多学者继承与发展，人们将其统称"切变学派"。

到 20 世纪 60 年代末期，切变理论遭到了以研究扩散型相变而闻名的美国学者阿洛申（H. I. Aaronson）及其合作者的挑战。他们依据合金热力学的研究成果指出，在贝氏体转变温度区间，相变驱动力无法满足切变机制的能量条件，从而从热力学层面否定了贝氏体转变的切变理论。他们认为贝氏体转变属于共析转变类型，以扩散台阶机制生长，属于扩散型转变。这一观点被中国著名金属学家徐祖耀等人继承和发展，人们将其统称"扩散学派"。

基于以上的机理研究，一般认为贝氏体转变是介于共析分解和马氏体转变之间的中间过渡性转变，也称半扩散型相变。按照贝氏体形成所处的温度分类，可分为上贝氏体和下贝氏体；在贝氏体 C – 曲线的上部温度区（B_s 点到"鼻温"附近）形成上贝氏体，在贝氏体"鼻温"以下至 M_s 点附近的较低温度区形成下贝氏体。上贝氏体的形成机制接近于共析分解，而下贝氏体则与马氏体转变相近。

如图3-16所示，贝氏体相变通常在奥氏体晶界、亚晶界或晶内的位错等晶体缺陷处形核。这些位置原子排列不规则，能量较高，为新相的形成提供了有利条件。在一定的过冷度下，铁素体首先开始形核。铁素体长大是半扩散过程的主要体现，在这个过程中，碳原子的扩散起着关键作用。与珠光体相变不同，贝氏体相变中铁素体长大时，碳原子不是完全扩散出去，而是部分扩散。在铁素体长大过程中，碳原子向未转变的奥氏体中扩散，但由于温度较低，扩散速度比珠光体相变时慢。同时，在铁素体内部，碳原子也会发生短程扩散，使得铁素体能够在一定程度上维持过饱和状态。随着铁素体的长大，奥氏体中的碳浓度逐渐增加。当碳浓度达到一定程度时，在铁素体周围或内部会形成碳化物。碳化物的形成方式和位置因贝氏体类型而异。在上贝氏体中，碳化物通常在铁素体板条之间形成；在下贝氏体中，碳化物则是在针状铁素体内析出。这些碳化物的形成消耗了奥氏体中的碳原子，进一步改变了奥氏体和铁素体中的碳浓度分布。

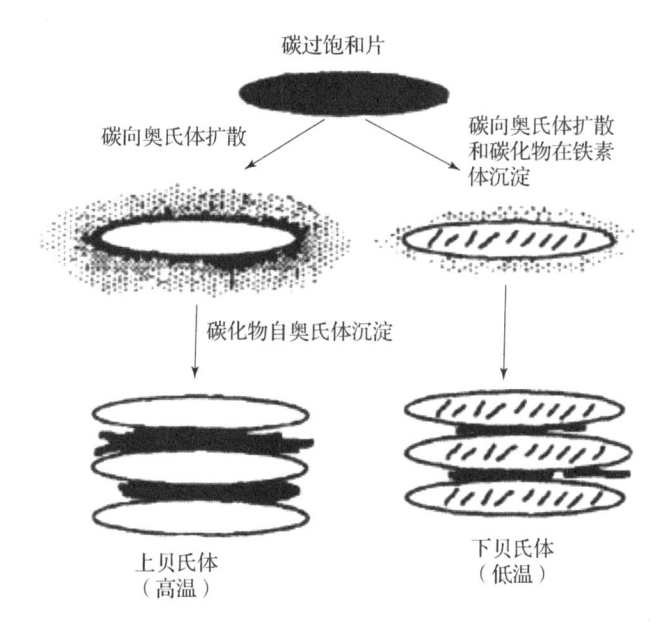

图3-16 贝氏体的形成过程示意图

（图片来源：BHADESHIA H K D H. Bainite in Steels：Theory and practice [M]. 3rd Edition. London：CRC Press, 2019）

3.5.1 上贝氏体

对于中、高碳钢，上贝氏体是在 350~550 ℃ 内形成的，呈羽毛状特征，光镜下分辨不清楚铁素体与渗碳体两相，渗碳体分布在铁素体条之间。如图 3-17 所示，灰黑色为羽毛状上贝氏体，灰白色为未转变奥氏体冷却到室温得到的马氏体组织。

图 3-17　典型的上贝氏体组织　　　　讲解视频

上贝氏体的形成机制是：首先，在奥氏体晶界或贫碳区形成铁素体晶核，并成排地向奥氏体内部长大。其次，铁素体中多余的碳向两侧相界面扩散，同时条状铁素体附近奥氏体中碳原子不断向远处扩散。由于碳在铁素体中的扩散速度大于在奥氏体中的扩散速度，碳在铁素体两侧的奥氏体中富集，到一定程度时，在铁素体条间沉淀析出渗碳体（图 3-18）。

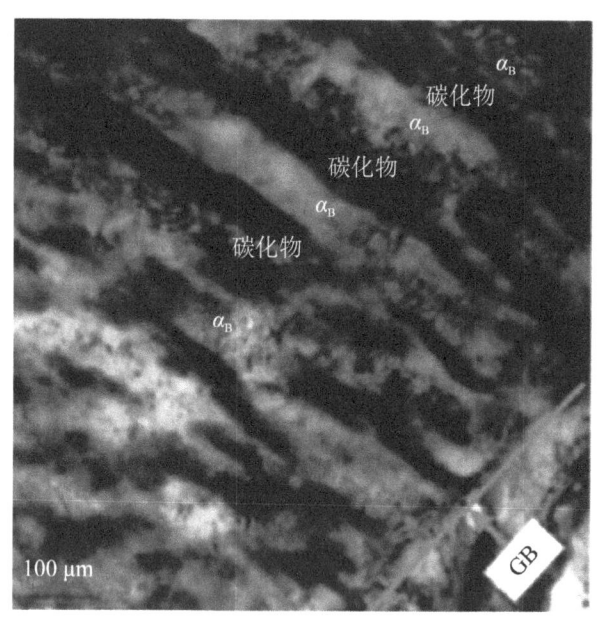

图 3-18 轴承钢在 550 ℃保温 1 200 s 获得的上贝氏体组织

(图片来源：SONG W, VON APPEN J, CHIO P, et al. Atomic - scale investigation of ε and θ precipitates in bainite in 100Cr6 bearing steel by atom probe tomography and ab initio calculations [J]. Acta Materialia, 2013, 61 (20)：7582 - 7590)

3.5.2 下贝氏体

在贝氏体转变区域的低温范围形成的贝氏体被称为下贝氏体，对于中、高碳钢，大约在 350 ℃以下形成。下贝氏体由铁素体与碳化物两相组成，碳化物沉淀在贝氏体铁素体内，并与铁素体的长轴成 55°~60°。下贝氏体具有较高的强度和韧性，因此应用较广。碳含量低时呈板条状，碳含量高时呈透镜片状。如图 3-19 所示，黑色针状组织为下贝氏体，灰色为未转变奥氏体冷却到室温形成的马氏体。

下贝氏体形成温度较低，首先在奥氏体晶界或者贫碳区形成铁素体晶核。由于转变温度较低，在铁素体长大的同时，碳原子只能在铁素体的某些亚晶界或晶面上聚集进而沉淀出细片状碳化物，很难扩散到邻近的奥氏体中去。随着碳的析出，一方面贝氏体铁素体的自由能下降，另一方面比容缩小导致弹性应变能下降，从而使得已形成的贝氏体铁素体进一步长大，得到下贝氏体组织（图 3-20）。

图 3-19 典型的下贝氏体组织

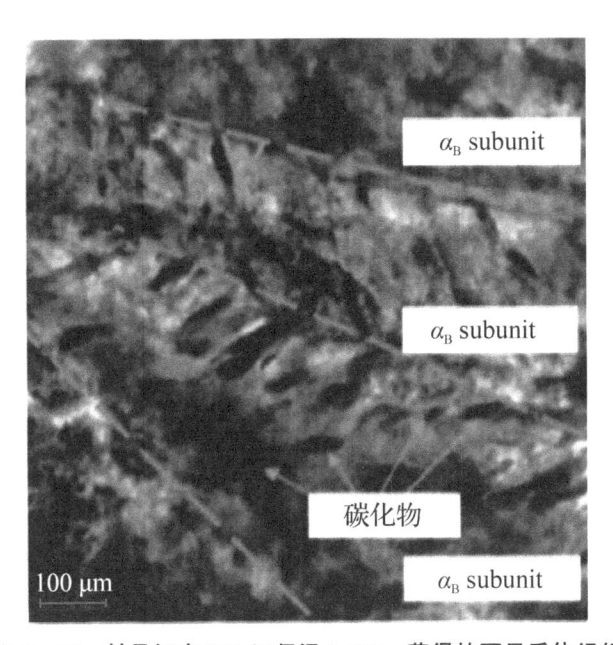

图 3-20 轴承钢在 260 ℃保温 2 500 s 获得的下贝氏体组织

(图片来源：Atomic-scale investigation of ε and θ precipitates in bainite in 100Cr6 bearing steel by atom probe tomography and ab initio calculations [J]. Acta Materialia, 2013, 61 (20): 7582-7590)

3.5.3 无碳化物贝氏体

无碳化物贝氏体一般产生于低、中碳钢中,它不仅可在等温时形成,在有些钢中也可在缓慢的连续冷却时形成。它是从晶界开始向晶内平行生长的成束的板条状铁素体,其板条较宽,条间距离也较大,随转变温度下降,铁素体板条变窄、间距缩小,板条间为富碳的奥氏体。这种富碳奥氏体在随后冷却过程中或同一温度继续停留将会发生转变。由于温度高,初形成的铁素体的过饱和度很小,且碳在铁素体和奥氏体中的扩散能力均很强。铁素体中过饱和的碳可以通过界面很快进入奥氏体而使铁素体的碳含量降低到平衡浓度。通过界面进入奥氏体的碳也能很快地向奥氏体纵深扩散,使奥氏体的碳含量都得到提高而不致集聚在界面附近。因此,无碳化物析出。

值得注意的是,当加入硅和/或铝元素,可以抑制碳化物的析出,使奥氏体在室温保留下来,得到残余奥氏体,如图3-21所示;其在变形过程中,可以发生马氏体相变,从而提高应变硬化能力和塑性,这种钢叫作相变诱导塑性钢。

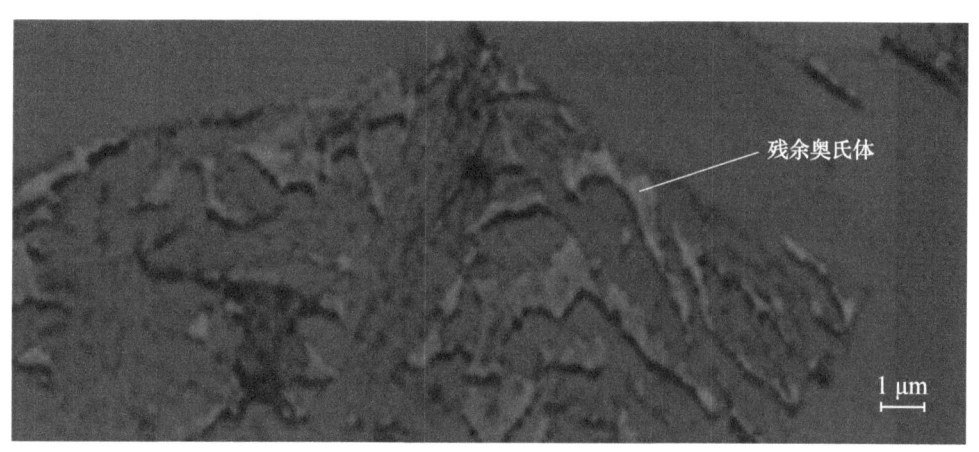

图 3-21　Fe-0.17C-1.5Si-1.6Mn-0.2Cr(wt.%)相变诱导塑性钢中的残余奥氏体

3.5.4 纳米贝氏体

2001—2003 年,Caballero 和 Bhadeshia 等人发现,将碳含量为 0.75~0.98 wt.%

的 Fe－Si－Mn－Cr－Mo－V 的高硅高碳低合金钢在 190 ℃ 的低温条件下进行两个星期的等温热处理后，可获得极为细小的贝氏体组织，其由厚度仅为 20～40 nm 的极薄贝氏体钢中铁素体板条及其板条间富碳的残余奥氏体薄膜组成（图 3－22）。纳米贝氏体具有超高的强度和良好的韧性，其高强度得益于纳米级别的组织细化，使材料的位错运动受到极大的限制；在韧性方面，纳米贝氏体的细小结构能够有效阻止裂纹的扩展，使其具有较好的抗断裂能力。

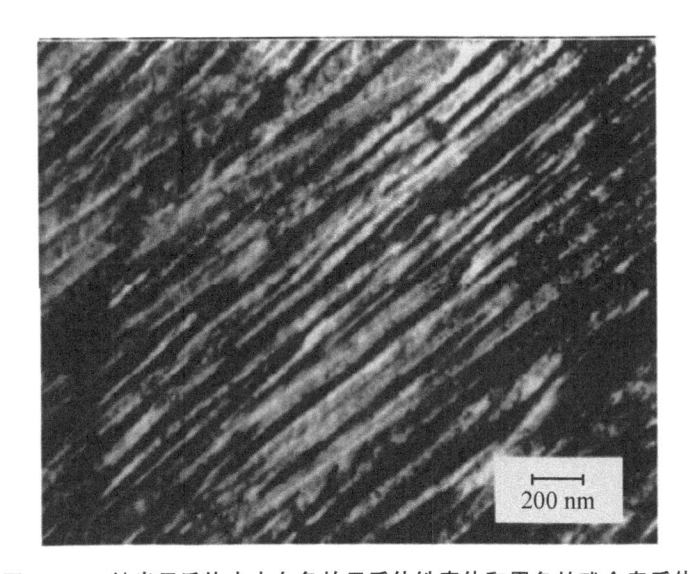

图 3－22　纳米贝氏体中由白色的贝氏体铁素体和黑色的残余奥氏体

（图片来源：Very strong low temperature bainite ［J］. Materials Science and Technology, 2002, 18（3）: 279－284）

3.6　马氏体

马氏体是黑色金属材料的一种组织名称，是碳在 α－Fe 中的过饱和固溶体。马氏体最先由德国冶金学家阿道夫·马滕斯（Adolf Martens, 1850—1914）于 19 世纪 90 年代在一种硬矿物中发现。它是将钢加热到一定温度形成奥氏体后经迅速冷却，得到的能使钢变硬、增强的一种淬火组织。1895 年法国人奥斯蒙（F. Osmond）为纪念马滕斯，把这种组织命名为马氏体。

马氏体相变需要一定的过冷度来提供相变驱动力，当奥氏体被快速冷却到马氏体开始转变温度以下时，奥氏体的自由能高于马氏体的自由能，系统处于不稳定状态，为马氏体的形成创造了条件。马氏体通常在奥氏体晶界、孪晶界等晶体缺陷处形核，这些位置原子排列不规则，能量较高，能够提供新相形成所需的能量起伏和结构起伏。形核过程是瞬间完成的，并且形核率随着过冷度的增加而增大。马氏体长大速度极快，一般认为是切变机制。在长大过程中，原子以协同的方式进行切变运动，保持相邻原子间的相对位置不变，就像刚体平移一样。这种切变过程使得马氏体和奥氏体之间保持一定的晶体学取向关系。例如，在低碳钢中形成的板条马氏体，其长大方向沿着奥氏体的某些晶向，并且相邻板条马氏体之间具有一定的取向差。

马氏体相变是一种无扩散型的固态相变，原子经无须扩散的切变位移，进行不变平面应变的晶格改组的相变。马氏体是原子经无须扩散的切变位移进行的、不变平面应变的晶格改组过程，得到的具有严格晶体学关系和惯习面，形成伴生极高密度位错、层错或精细孪晶等晶体缺陷的整合组织。这种切变是在原子尺度上发生的协同运动，原子在短时间内改变相对位置，没有长距离的原子扩散。由于碳原子未发生扩散，导致得到的马氏体为碳的过饱和铁素体，产生一定的晶格畸变，晶体结构为体心立方结构（BCT）。

马氏体转变一般不会进行完全，在冷却到室温后，总会有一定量的残余奥氏体存在。这是因为马氏体转变会引起体积膨胀，当残余奥氏体周围的马氏体转变产生的体积膨胀力足够大时，会抑制残余奥氏体的进一步转变。残余奥氏体的含量与钢的化学成分和冷却条件有关，例如在一些高合金钢中，由于合金元素的作用，残余奥氏体的含量可能会比较高。

按照形态来看，马氏体主要有板条马氏体（Lath Martensite）和片状马氏体（Plate Martensite）。如图 3-23 所示，当 M_s 点越低时，越容易得到片状马氏体。因为碳元素、镍元素等会降低 M_s 点，所以碳和镍的增加会促进片状马氏体的形成。除此之外，还存在薄板状马氏体、蝶状马氏体、ε' 马氏体等。

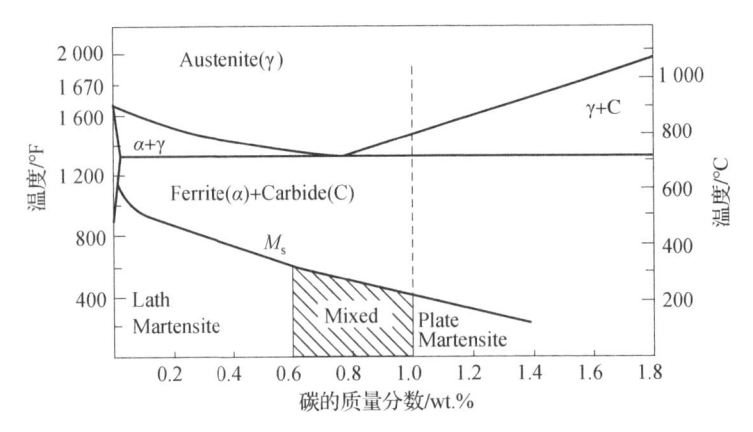

图 3-23 板条马氏体和片状马氏体的形成范围

3.6.1 板条马氏体

板条马氏体是指碳含量低的奥氏体形成的马氏体,它主要形成于碳含量较低的钢中,又称低碳马氏体,惯习面常为 (111)$_\gamma$。由于低碳含量使马氏体相变的切变阻力相对较小,因此有利于以位错运动为主的切变机制发生,进而产生板条马氏体。例如,在一些用于制造汽车大梁的低合金高强度钢中,碳含量较低,经过淬火后形成板条马氏体,这种钢材具有良好的强度和韧性。

如图 3-24 所示,板条马氏体呈板条状,由近乎平行的马氏体板条组成马氏体束,由马氏体束组成马氏体领域,在一个原奥氏体晶粒中可能形成几个马氏体领域。

板条马氏体的亚结构是高密度的位错,也称位错马氏体。这些位错是在马氏体相变过程中,由于切变机制产生的,位错密度可高达 $10^{14} \sim 10^{15} \mathrm{m}^{-2}$。大量的位错相互交织,分布在马氏体内部,使马氏体具有较高的应变能。这种位错的存在可以通过电子显微镜观察到,如图 3-25 所示,可见近乎平行的板条内分布着纠缠的灰黑色位错。一般来说,碳含量越高,位错越多。

图 3-24 典型的板条马氏体组织

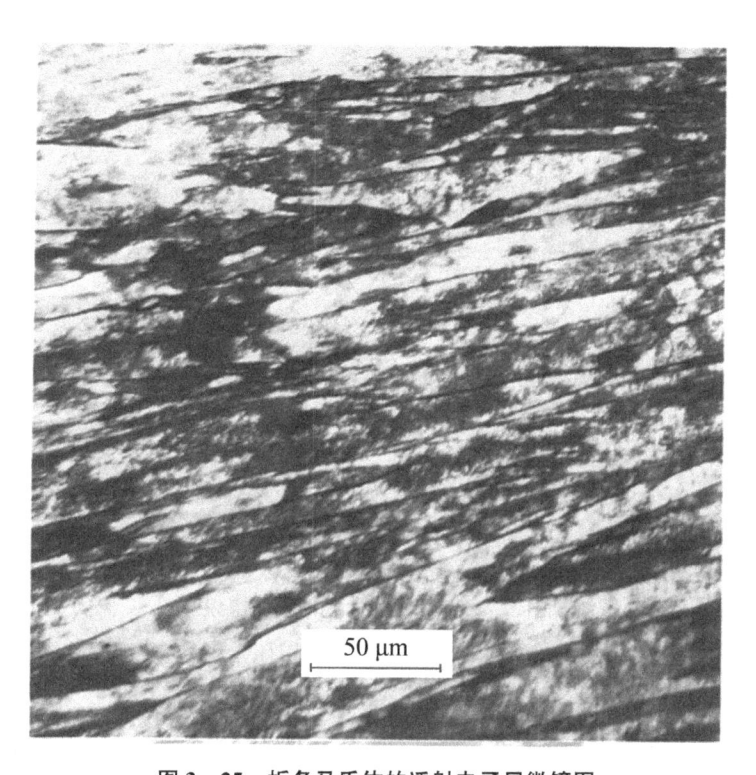

图 3-25 板条马氏体的透射电子显微镜图

(图片来源：The tempering of Fe-C lath martensite, Metallurgical Transaction, 1972, 3: 2381-2389)

3.6.2 片状马氏体

高碳马氏体呈片状，空间形态为双凸透镜状，片间互成一定的角度。在一个奥氏体晶内，第一片形成的马氏体较粗大，往往贯穿整个奥氏体晶粒；之后形成的马氏体，则受其限制而逐渐变得细小。高碳含量增加了奥氏体的稳定性，并且在马氏体相变过程中，碳原子会偏聚在某些晶面上，导致晶格发生畸变。这种晶格畸变使切变过程更容易以孪晶的方式进行，从而形成片状马氏体，常见惯习面为 $(225)_\gamma$ 和 $(259)_\gamma$。例如，在制造刀具的工具钢中，由于其碳含量较高，淬火后形成片状马氏体，使刀具具有较高的硬度和耐磨性。

如图 3-26 所示，淬火马氏体本为白色针状，残余奥氏体为浅灰色。由于制样过程中存在回火，故马氏体呈浅黑色针状。

图 3-26 典型的片状马氏体组织

针状马氏体（孪晶马氏体）的形状像针状或竹叶状，尺寸大小因钢的成分和冷却条件等因素而异。针状马氏体内部含有大量孪晶，孪晶界会阻碍位错的运动，使这种马氏体的硬度很高。但是，孪晶结构也导致其韧性相对较低，在受到外力时容易发生脆

讲解视频

性断裂。针状马氏体在高碳钢和一些高合金钢中较为常见,其形成过程与高碳含量引起的晶格畸变和快速冷却导致的切变过程有关。

片状马氏体的亚结构是孪晶,又称孪晶马氏体。由于在马氏体相变过程中,为了适应晶格的变化,部分晶体通过孪晶切变的方式来协调原子的位置。孪晶马氏体通常有中脊线,如图 3-27 所示,孪晶的厚度一般较薄,并且在孪晶马氏体中可以观察到多个孪晶相互平行或者呈一定角度排列;远离中脊线时,孪晶消失,以位错为主。

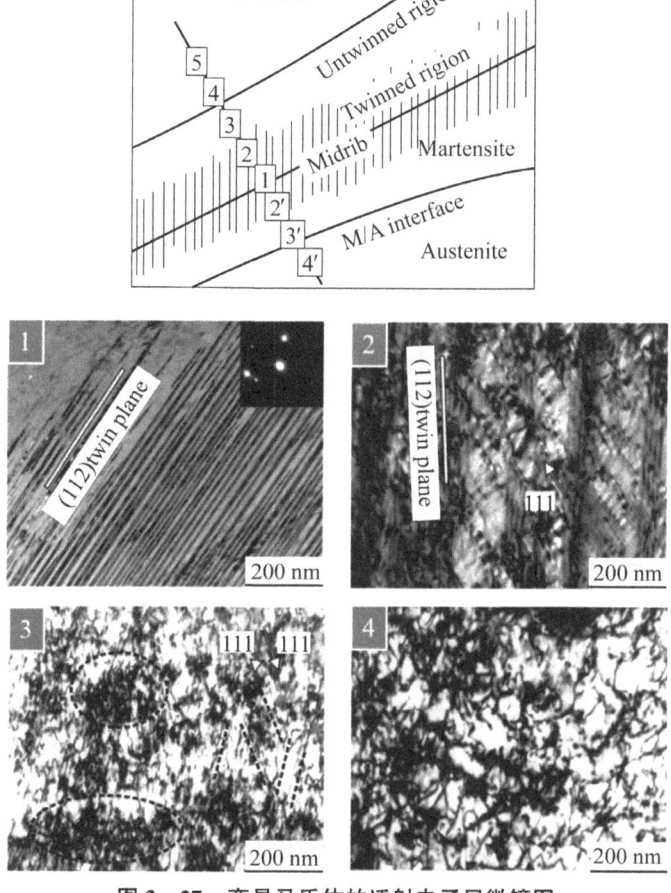

图 3-27 孪晶马氏体的透射电子显微镜图

(图片来源:Characterization of local deformation behavior of Fe – Ni lenticular martensite by nanoindentation [J]. Materials Science and Engineering A,2020,527:1869 – 1874)

3.7 回火马氏体

淬火马氏体组织在常温下处于亚稳定状态，回火过程可以促使马氏体组织向更稳定的组织转变，防止在后续的使用或加工过程中，由于组织不稳定而发生尺寸变化或性能恶化。如精密机械零件在淬火后进行回火，可使零件尺寸精度在长期使用中保持稳定。马氏体形成时，由于其快速的切变过程会产生大量的内应力，回火可以有效地减少这种内应力，从而降低材料的脆性。淬火马氏体具有较高的硬度，但韧性相对不足，通过回火，可以在一定程度上降低硬度，同时提高韧性，使材料获得良好的综合力学性能。

在回火的过程中，马氏体发生分解，残余奥氏体发生转变，碳化物析出和长大。由于马氏体是碳在 $\alpha - Fe$ 中的过饱和固溶体，随着温度的升高，马氏体中的碳会以碳化物的形式析出。对于一些高碳钢，淬火后会存在一定量的残余奥氏体。在回火过程中，当温度升高到 200~300 ℃ 时，残余奥氏体开始分解。残余奥氏体分解为下贝氏体或回火马氏体。马氏体的过饱和碳原子随着回火的进行，会陆续形成碳原子偏聚、过渡型碳化物和渗碳体，然后聚集长大。

根据回火温度的高低，分为低温回火（150~250℃）、中温回火（350~500℃）、高温回火（500~650℃），得到的组织分别为回火马氏体、回火屈氏体、回火索氏体。

3.7.1 回火马氏体

回火马氏体是指将淬火钢在 150~250 ℃ 进行回火所得到的组织。在这个温度范围内回火，主要是马氏体分解，析出少量的过渡型碳化物，内应力得到一定程度的消除。回火马氏体仍保持马氏体的针状或板条状形态，但是由于碳化物的析出，其硬度比淬火马氏体略有降低，而韧性有所提高（图3-28）。回火马氏体主要用于要求高硬度和高耐磨性的工具和模具等。例如，刀具在淬火后进行低温回火，既能保持刀具的高硬度，满足切削性能要求，又能减少因内应力导致的刀具开裂风险。

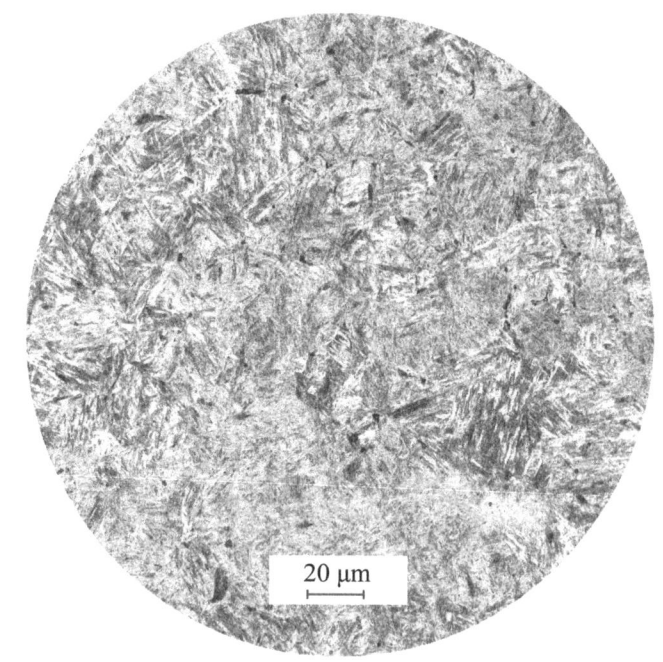

图 3-28 典型的回火马氏体组织

讲解视频

3.7.2 回火屈氏体

回火屈氏体是指将淬火钢在 250~400 ℃ 进行回火所得到的组织。在这个温度范围内回火,有利于促进碳原子的析出,使得亚稳 ε 碳化物逐渐变为更稳定的渗碳体。虽然马氏体板条得到了一定的回复、过饱和度下降,但是依然明显地呈板条状(图 3-29)。回火屈氏体常用于制造各种弹簧等弹性元件。例如,汽车板簧经过淬火后在中温回火,能够获得良好的弹性和韧性,使其在车辆行驶过程中能够有效地缓冲和减震。

3.7.3 回火索氏体

回火索氏体是指将淬火钢在 450~600 ℃ 进行回火所得到的组织,即白色铁素体基体内分布着细小均匀黑色碳化物颗粒的复相组织(图 3-30)。此时的铁素体已基本无碳的过饱和度,碳化物也为稳定型碳化物。回火索氏体的综合力学性能良好,硬度适中,韧性较高,广泛应用于各种重要的机械零件,例如轴类、齿轮等。这些零件需要承受复杂的载荷,经过高温回火后的材料能够满足其对强度、韧性和疲劳性能等多方面的要求。

图3-29 典型的回火屈氏体组织

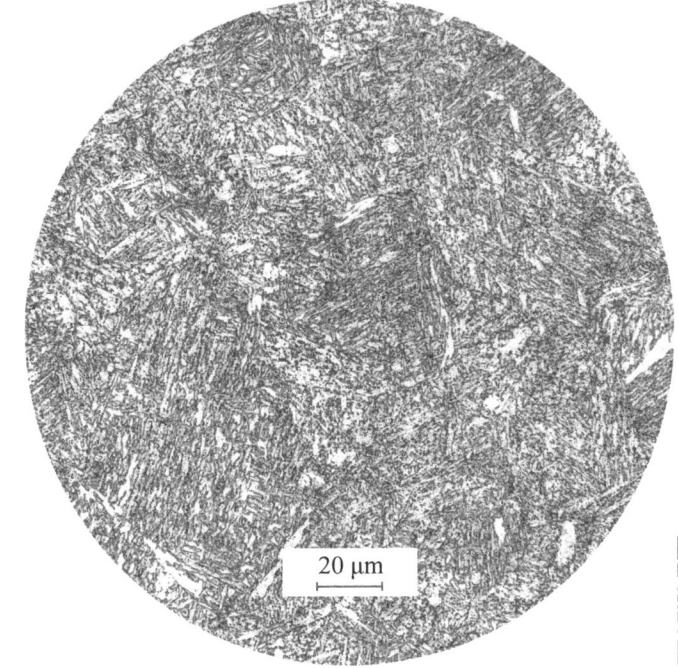

图3-30 典型的回火索氏体组织

3.8 表层脱碳

表面脱碳是指碳钢加热和保温时，由于周围气氛的作用，使表面层的碳全部或部分丧失的现象。如图 3-31 所示，可见边缘的白色铁素体即为脱碳层（约 4 μm 厚）。

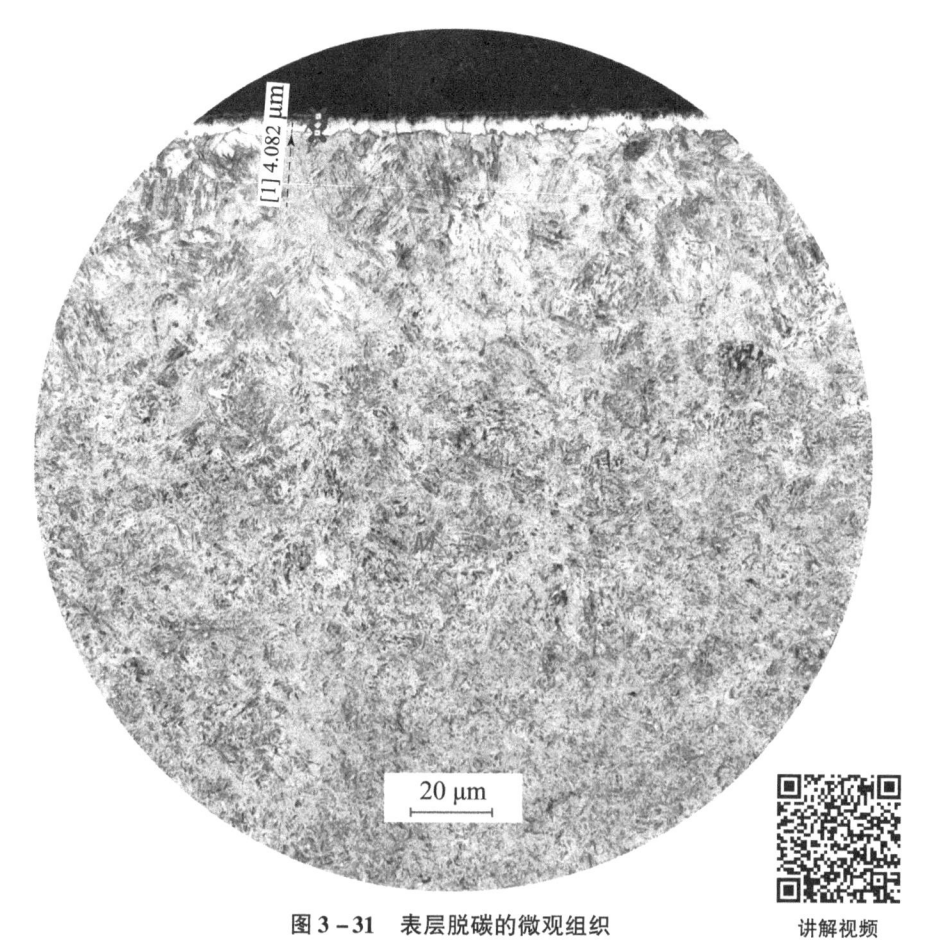

图 3-31 表层脱碳的微观组织

讲解视频

如图 3-32 所示，高温加热过程中，表面脱碳，导致在表面形成白色铁素体组织。在芯部不存在脱碳的问题，依然为灰色板条马氏体组织。

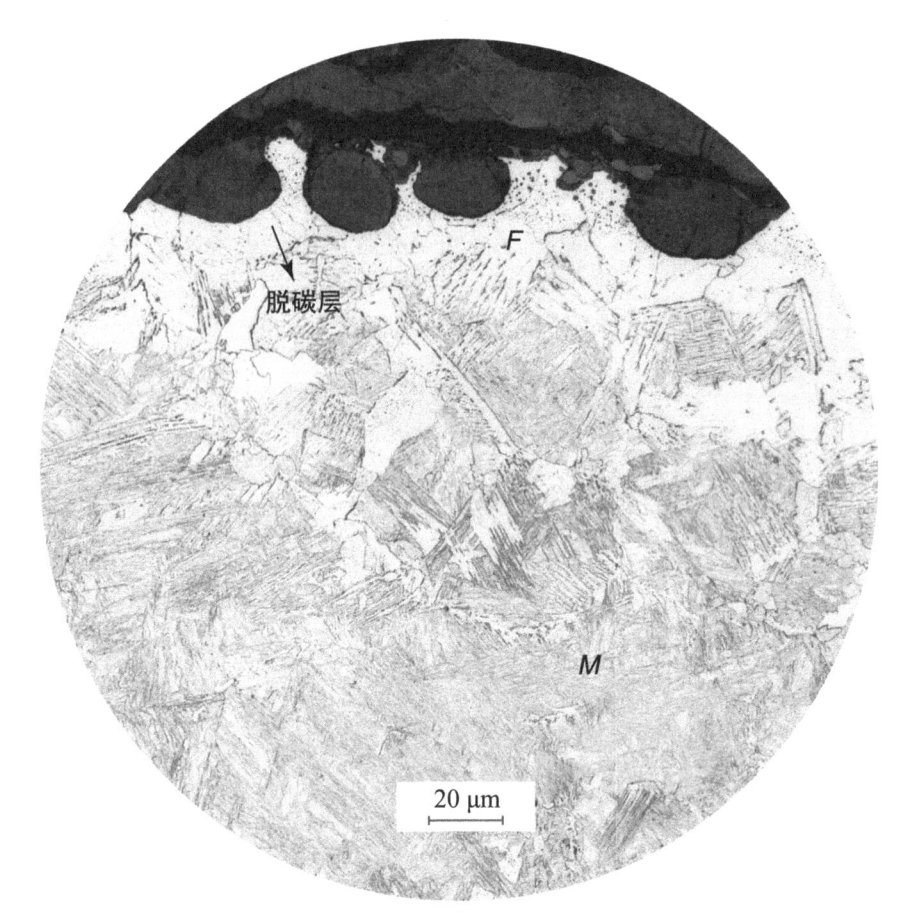

图 3–32 表层脱碳形成的铁素体组织

第 4 章
铸铁的微观组织

铸铁是碳含量大于 2.11 wt.%（一般为 2.5~4 wt.%）的铁碳合金。它是以铁、碳、硅为主要组成元素并比碳钢含有较多的锰、硫、磷等杂质的多元合金。有时为了改善铸铁的机械性能或物理、化学性能，还可加入一定量的合金元素，得到合金铸铁。一般而言，铸铁与钢相比，虽然力学性能较低，但生产工艺和熔化设备简单，生产成本低廉，且具有许多优良的性能，如减震性、耐磨性、铸造性和切削加工性，因此，在工业生产中获得广泛的应用，如机床机身、基座工作台、齿轮箱壳体、缸套和轧辊等。

按碳在铸铁中的存在状态和石墨的形态，可分为白口铸铁、灰铸铁、球墨铸铁、蠕墨铸铁和可锻铸铁等五类。在白口铸铁中，碳以渗碳体的形式存在；在石墨铸铁中，碳以石墨的形式存在。如图 4-1 所示，Al、C、Si、Ti、Ni、Cu、P、Co、Zr 促进石墨化，W、Mn、Mo、S、Cr、V、Fe、Mg、Ce、B、Te 促进渗碳体化。

$$\underset{\text{石墨化元素}}{\underleftarrow{\text{Al、C、Si、Ti、Ni、Cu、P、Co、Zr}}} \quad \text{Nb} \quad \underset{\text{反石墨化元素}}{\underrightarrow{\text{W、Mn、Mo、S、Cr、V、Fe、Mg、Ce、B、Te}}}$$

图 4-1 石墨化和反石墨化元素

在光学显微镜中，用明场非偏振光观察，石墨为均匀一致的浅灰色。石墨属六方晶系，六角形排列的层面（0001），原子以强有力的共价键结合；基面与基面之间的棱面（1010），原子以微弱的范德华力维持着。后者的结合力仅为前者的 1/10。

4.1 生铁

生铁也称白口铸铁,是碳含量大于 2 wt.% 的铁碳合金,工业生铁碳含量一般在 2.11~4.3 wt.%,并含 Si、Mn、S、P 等元素,是用铁矿石经高炉冶炼的产品。在 1 148 ℃ 的恒温下发生共晶反应,产物是奥氏体(固态)和渗碳体(固态)的机械混合物,称为"莱氏体"。在合金相图上,如图 4-2 所示,这个反应在图上表现为一点,这个点就是共晶点。共晶点的碳含量是 4.3 wt.%;当碳含量大于 4.3 wt.% 时,发生过共晶反应;当碳含量小于 4.3 wt.% 时,发生亚共晶反应,分别可以得到共晶生铁、过共晶生铁、亚共晶生铁。

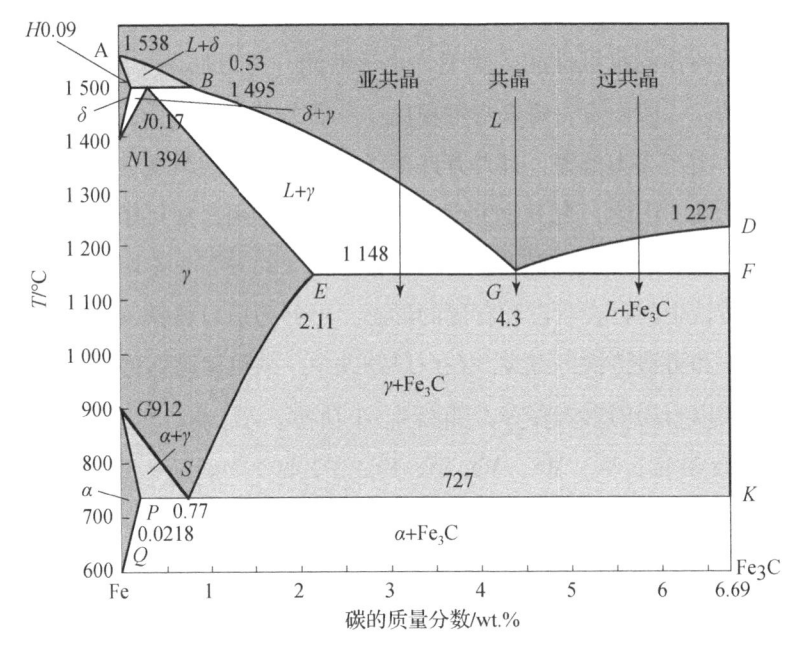

图 4-2 亚共晶、共晶、过共晶生铁的形成范围

4.1.1 共晶生铁

在 1 148 ℃ 时发生共晶反应,获得奥氏体和共晶渗碳体组成的组织——莱氏体。随着温度的不断下降,奥氏体中的碳将以二次渗碳体的形式析出,它将依附于共晶渗碳体而存在。由于两者是相同的相,故没有明显的相界面。冷却到室温

时，奥氏体继续转变为珠光体。此时，莱氏体是由条状或者圆粒状分布的黑色珠光体与白色基体渗碳体构成的机械混合物。

如图 4-3 所示，变态莱氏体由 $P + Fe_3CII + Fe_3C$ 组成。珠光体由奥氏体进行共析转变而来，组织细小，呈圆粒及长条状分布在渗碳体基体上，为黑色。Fe_3CII、共晶 Fe_3C 均为白色，连成一起，无法分辨，其中珠光体与 Fe_3C 的相对含量分别为 40% 和 60%。

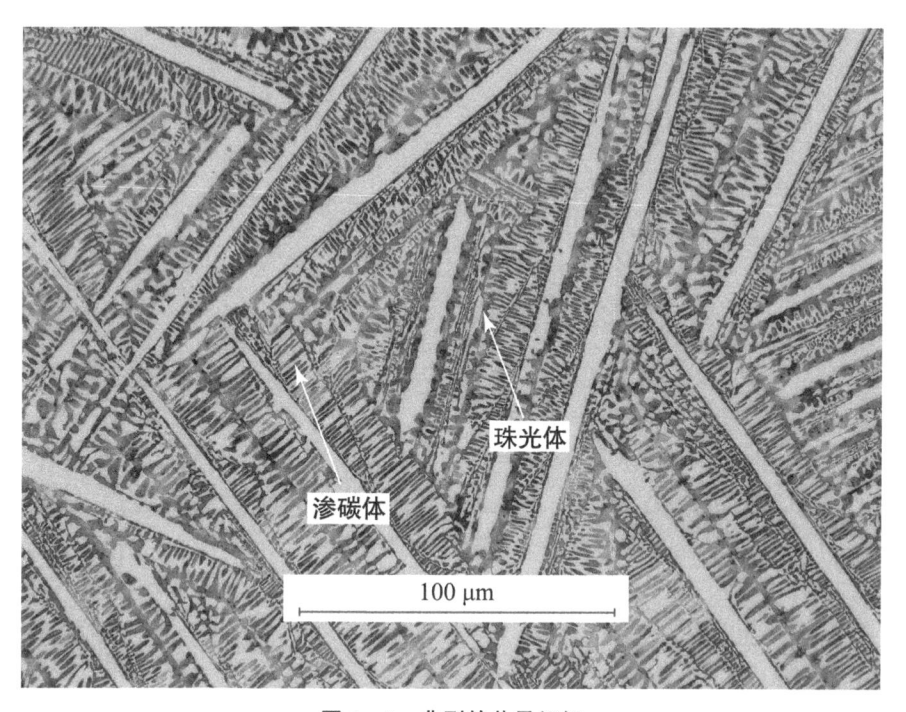

图 4-3 典型的共晶组织

4.1.2 过共晶生铁

过共晶生铁冷却时，先析出粗大的初生渗碳体（Fe_3CI），由于它在液体中可以自由生长，故呈板条状或针状分布。随后，当液体金属温度降至共晶温度时，发生共晶相变而析出莱氏体。随着温度的不断下降，奥氏体中的碳将以二次渗碳体的形式析出，它将依附于共晶渗碳体而存在。由于两者是相同的相，故没有明显的相界面。冷却到室温时，奥氏体继续转变为珠光体。

如图 4-4 所示，过共晶生铁由 $Fe_3CI + Ld'$ 组成。由于 Fe_3CI 首先结晶出来，结晶过程中不断成长，故呈白亮色粗大的板条状，而 Ld' 为黑白相间的斑点状。

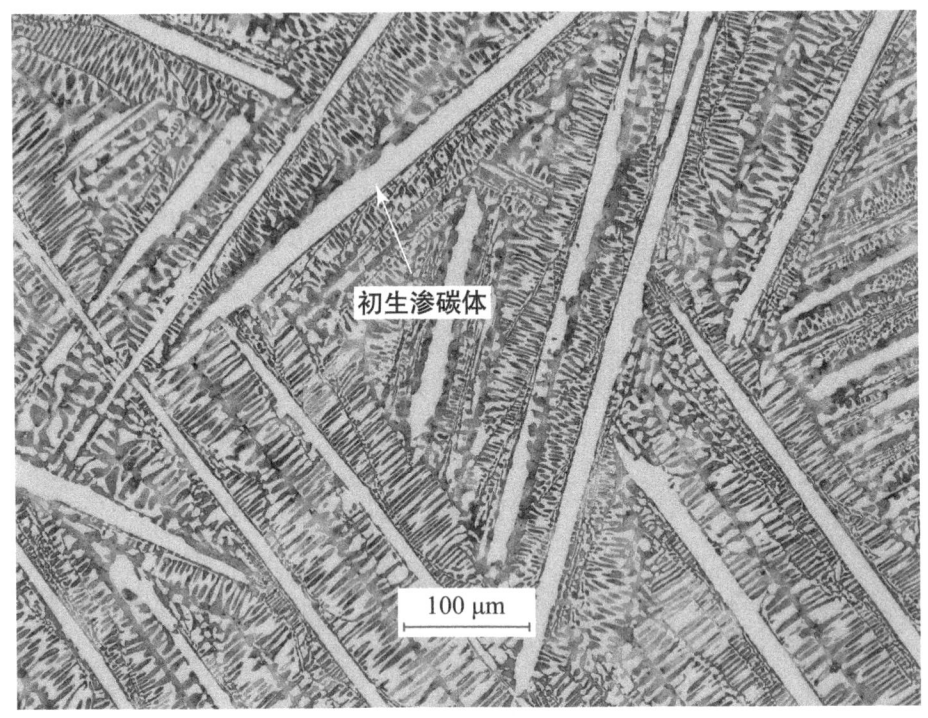

图 4-4 典型的过共晶组织

4.1.3 亚共晶生铁

亚共晶生铁冷却时，先析出奥氏体。随后，当液体金属温度降至共晶时，发生共晶相变而析出莱氏体。随着温度的不断下降，奥氏体中的碳将以二次渗碳体的形式析出，它将依附于共晶渗碳体而存在。由于两者是相同的相，故没有明显的相界面。冷却到室温时，奥氏体继续转变为珠光体。

如图 4-5 所示，亚共晶生铁由 $P + Fe_3CII + Ld'$ 组成。斑点状基体为 Ld'；黑色枝晶为 P，系初生 A 的转变产物，故呈大块黑色状。Fe_3CII 与 Ld' 中的 Fe_3C 连成一片，均成白色，不能分辨。随着生铁中碳含量增加，亚共晶生铁中 P 含量减少，Ld' 含量增多。

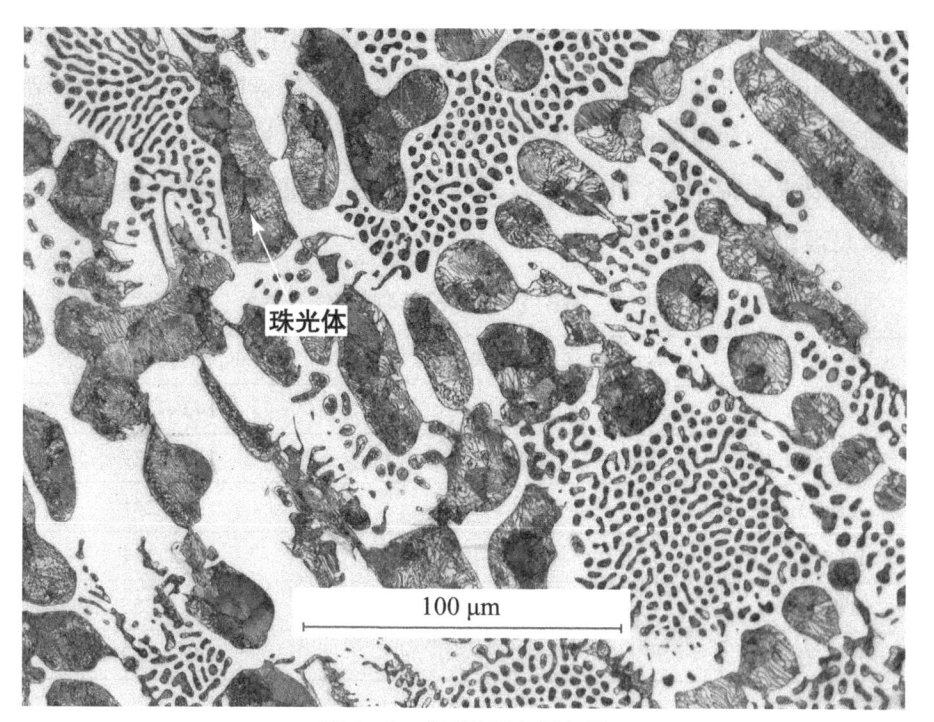

图 4-5 典型的亚共晶组织

4.2 灰铸铁

灰铸铁是一种断口呈灰色、碳主要以片状石墨出现的铸铁。一方面，由于石墨强度较低（$R_m < 20$ MPa），且以片状形态存在，割裂了基体的连续性，导致灰铸铁强度不高，脆性较大；另一方面，石墨的存在，使得灰铸铁具有良好的减震性、耐磨性和切削加工性。根据 GB/T 9439—2023，灰铸铁分为六个牌号，即 HT100、HT150、HT200、HT250、HT300、HT350 等，牌号中的数字表示该牌号灰铸铁的最小抗拉强度值，如表 4-1 所示。

灰铸铁的抗拉强度、塑性和韧性远低于钢，因为片状石墨的存在容易在石墨尖角处造成应力集中，但其抗压强度与钢相当。不同基体组织的灰铸铁，力学性能也有所不同，例如珠光体基体灰铸铁的强度和硬度相对较高，铁素体基体灰铸铁的强度和硬度最低。灰铸铁具有良好的铸造性能，能够铸造出复杂形状的零件；良好的减震性，常用来做承受震动的机座；良好的耐磨性能，可用于制造一些需要耐磨的零件；良好的切削加工性能，加工时刀具磨损较小。由于其良好的铸造性能和综合性能，灰铸铁被广泛应用于制造各种机械零件，如机床床身、箱体、机架、气缸、齿轮、飞轮等。在一些对力学性能要求不特别高，但需要良好的减震性、耐磨性和铸造性能的场合，灰铸铁是理想的材料选择。

表 4-1 GB/T 9349—2023《灰铸铁件》

牌号	抗拉强度 R_m/MPa	布氏硬度/HBW
HT100	100	143~229
HT150	150	163~229
HT200	200	170~241
HT250	250	170~241
HT300	300	187~255
HT350	350	197~269

灰铸铁中含有片状石墨，以片状的形态存在。这些石墨片的形状类似薄片状，它们在铸铁的基体中相互交织或分散分布。从微观结构上看，片状石墨的厚度相对较薄，一般在微米级别，而长度和宽度可以从几十微米到几百微米不等。根据其形貌，可以分为片状、菊花状、块片状、枝晶点状、枝晶片状、星状，如表 4-2 所示。

表 4-2 片状石墨的类型

名称	符号	分布形状	形成原因
片状	A	片状石墨呈均匀分布	共晶或近共晶成分的铁液在较小过冷度下形成
菊花状	B	片状与点状石墨聚集成菊花状分布	共晶或近共晶成分的铁液在较大过冷度下形成
块片状	C	部分带尖角块状、粗大片状初生石墨，以及小片状石墨	过共晶成分的铁液在较小过冷度下形成
枝晶点状	D	点、片状枝晶间石墨呈无向分布	亚共晶成分的铁液在强烈过冷度下形成

续表

名称	符号	分布形状	形成原因
枝晶片状	E	细小片状枝晶间石墨呈有向分布	亚共晶成分的铁液在很大过冷度下形成
星状	F	星状（或蜘蛛网状）与细小片状石墨混合均匀分布	过共晶成分的铁液在较大过冷度下形成

4.2.1 A型石墨

如图4-6所示，A型石墨呈黑色弯曲状，分布均匀，无方向性。A型石墨是近共晶或共晶成分的铁液在较小过冷度下形成的，由于过冷度较小，才能使各结晶区有均匀成核和长大的条件，从而成为分布和大小均匀的A型石

图4-6 A型石墨

讲解视频

墨。错纵均匀的石墨，无集中性弱点，对基体的切割作用较小，按传统的观点，细小的 A 型石墨具有最好的力学性能。

4.2.2　B 型石墨

如图 4-7 所示，B 型石墨的中心为点状，周围呈向外辐射弯曲的片状，形如菊花。B 型石墨是近共晶或共晶成分的铁液在较大过冷度下形成的，由于过冷度较大，先析出"花心"部位的点状石墨，初晶产物形成时释放出的结晶潜热，使"花心"周围铁液的冷速减慢，从而形成向外伸展的弯曲石墨片。B 型石墨对基体的割裂作用比 A 型石墨强，因为它是石墨片的聚集形式。这会导致灰铸铁的力学性能，尤其是抗拉强度和韧性有所下降。不过，在某些情况下，如对耐磨性有一定要求的场合，B 型石墨灰铸铁由于其石墨团的特殊结构，可能会表现出较好的耐磨性能。

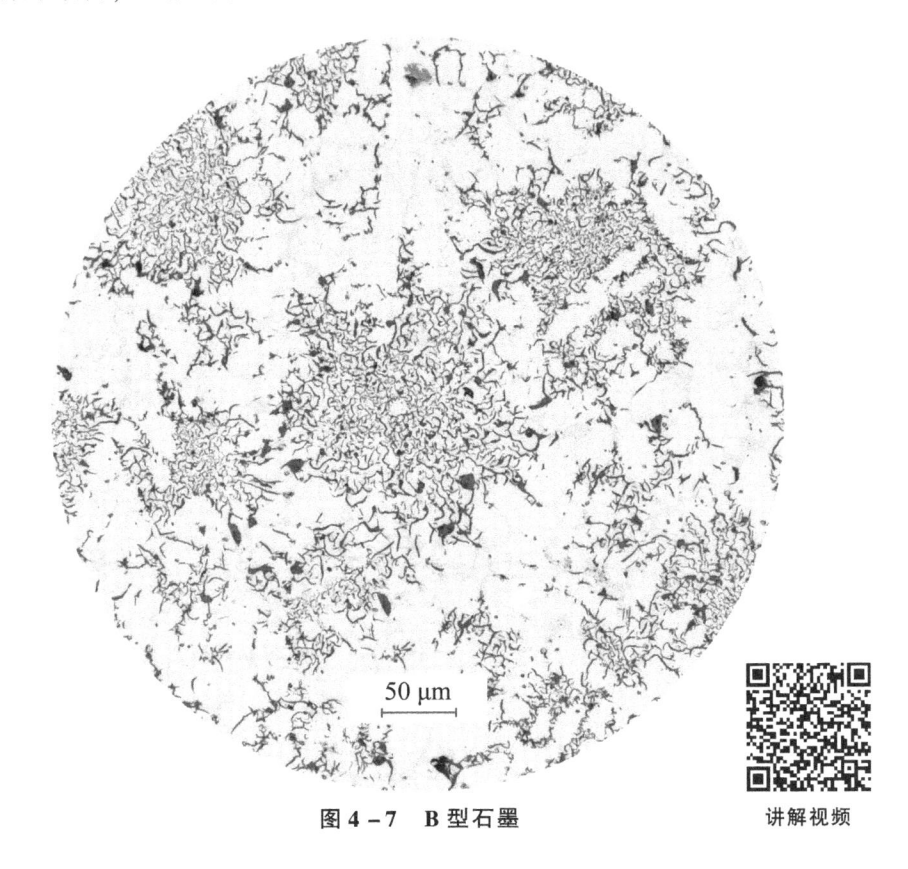

图 4-7　B 型石墨

4.2.3 C型石墨

如图4-8所示，C型石墨呈粗大片状或由大片和大块状构成，无方向性。C型石墨是由过共晶程度较大的铁液在较小的过冷度下形成的，由于冷却速度缓慢，初晶石墨自铁液析出后，所受阻力较小，便会生长成大块状或平直状的粗片状；及至共晶温度范围，再在初生石墨周围形成相对较小的弯曲石墨片。它的块状部分比较粗大，而且在块状石墨周围可能会有一些短小的片状石墨。C型石墨由于其粗大的块状结构，对基体的割裂作用非常严重，会导致灰铸铁的力学性能很差，尤其是抗拉强度和韧性很低。不过，在一些对力学性能要求不高，但对耐热性或其他特殊性能有要求的场合，C型石墨的灰铸铁可能会因为其特殊的石墨形态而有一定的应用。

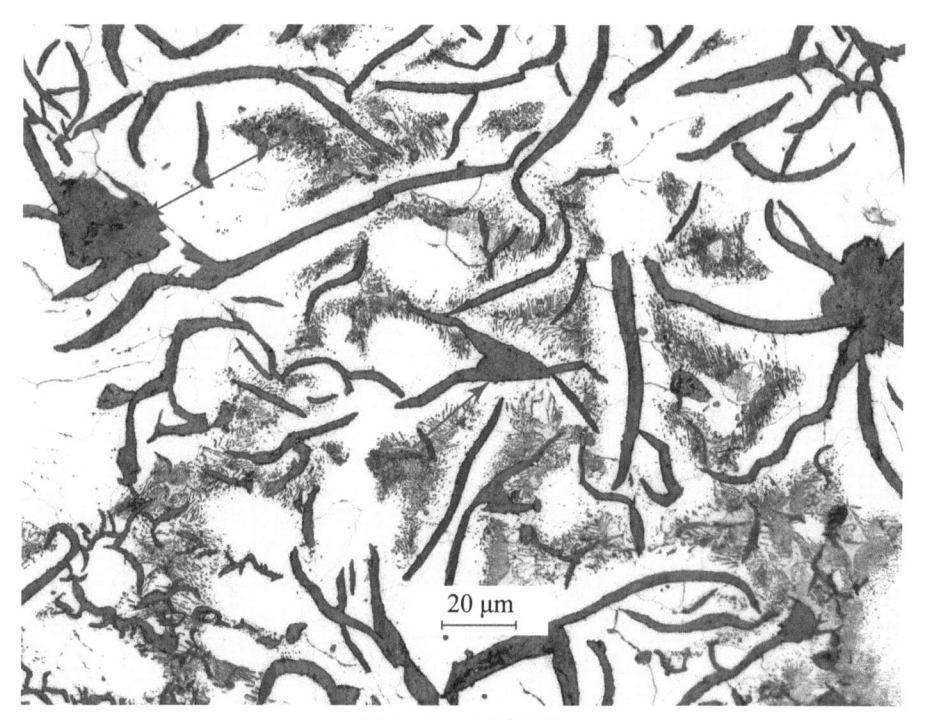

图4-8　C型石墨

4.2.4 F型石墨

F型石墨是过共晶成分的铁液在较大过冷度下形成的,如图4-9所示,较大块状石墨周围分布着细小片状石墨,因其形状特征,又称蜘蛛状或星状石墨。例如,单体铸造的活塞环,由于壁厚小,易出现白口,采用过共晶成分和强化孕育,促成微区局部过冷,便得到F型石墨。由于F型石墨是碎块状和细小片状相结合的形态,在承受外力时,会在碎块状石墨的棱角处以及碎块状与细小片状石墨的交接处产生明显的应力集中,这使得铸铁的抗拉强度和韧性明显下降。与含有A型石墨的铸铁相比,F型石墨铸铁的抗拉强度可能会降低30%~50%。不过,在抗压性能方面,由于碎块状石墨在一定程度上也能起到分散压力的作用,所以抗压强度的降低幅度相对较小。

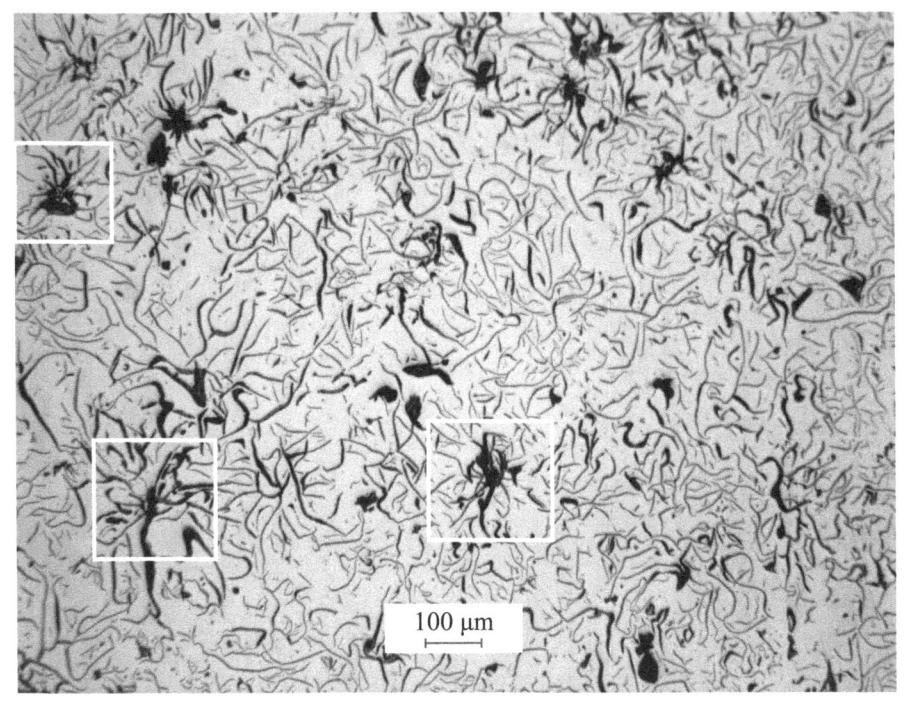

图4-9 F型石墨

4.2.5 D型石墨

如图4-10所示，D型石墨呈枝晶间分布的点状和细小片状，无方向性，也称过冷石墨。D型石墨是亚共晶成分的铁液在强烈过冷度下形成的，即铁液结晶时，先析出奥氏体枝晶，由于过冷度强烈，分布于奥氏体枝晶间的铁液几乎在瞬间生成大量石墨核心，便形成了细小而分枝繁多的过冷石墨。例如，在一些薄壁、小尺寸的铸件中，经过有效的孕育处理，在快速冷却的情况下，容易形成D型石墨。孕育剂的作用是促进石墨核心的形成，使得石墨在快速冷却过程中以细小的形态生长。D型石墨由于其细小且密集的分布，对基体的割裂作用相对较小，能够在一定程度上提高灰铸铁的力学性能。特别是在抗拉强度和韧性方面，相比其他一些石墨类型的灰铸铁有一定的改善。同时，这种石墨类型也有利于提高灰铸铁的耐磨性和抗疲劳性能。

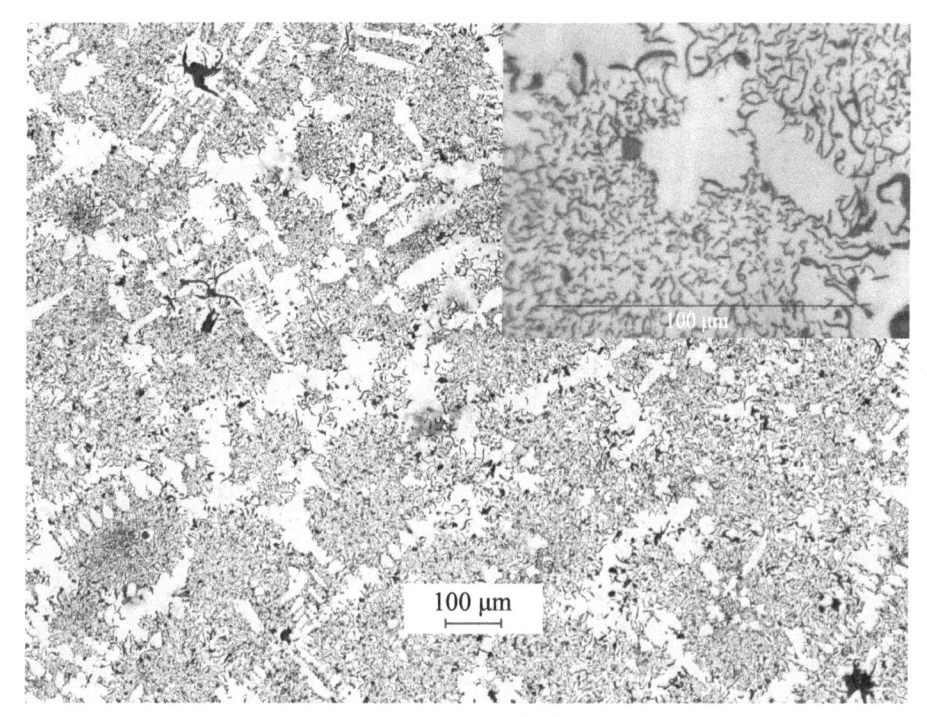

图4-10 D型石墨

4.2.6 E型石墨

如图4-11所示，E型石墨呈枝晶间分布的细小片状，具有方向性，也称过冷石墨。E型石墨是亚共晶成分的铁液在很大过冷度下形成的。E型石墨形成的过冷度小于D型石墨。E型石墨的弱点是排列的方向性，在应力作用下，裂纹容易沿该处产生和扩展。

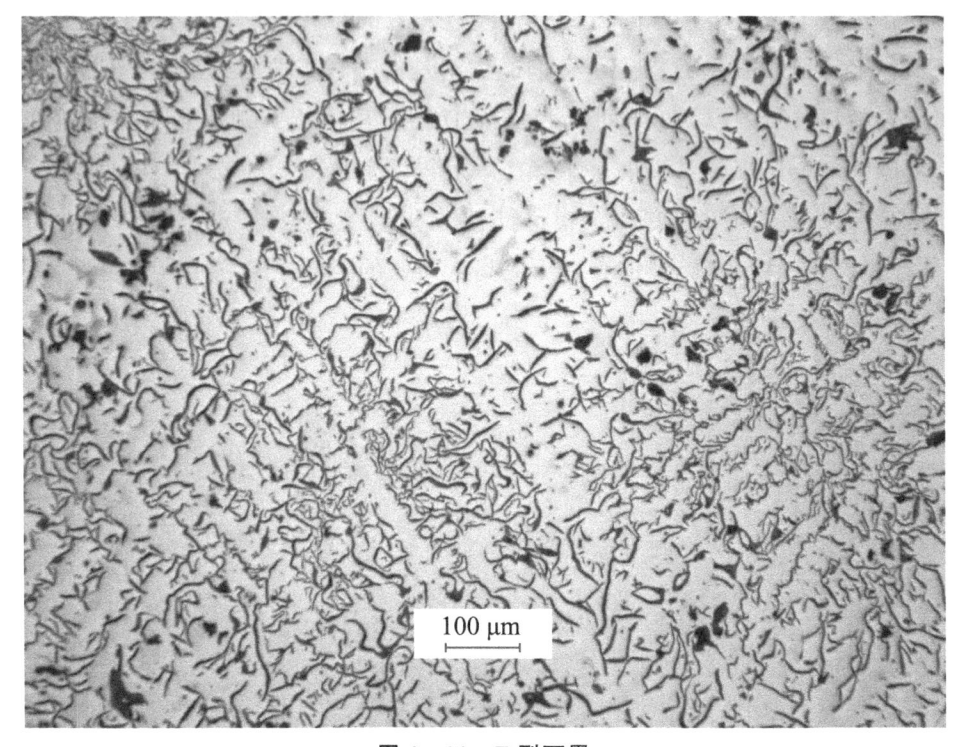

图4-11 E型石墨

4.2.7 铁素体基体灰铸铁

如图4-12所示，铁素体分布在石墨周围，可见少许珠光体。由于当一个晶体以另一个晶体的晶面为基面结晶时，它们相互对应面上的排列要相似，并且晶格参数的差别不得大于9%。石墨与铁素体之间就存在这种关系，石墨的（0001）晶面和铁素体的（111）晶面就存在着对应关系，晶格常数的差别仅为2.3%，故铁素体可优先结晶于石墨表面。铁素体量的增加，对灰铸铁塑性的增加不明显，但明显地使材料的硬度和强度下降，尤其是耐磨性的下降更为显著。

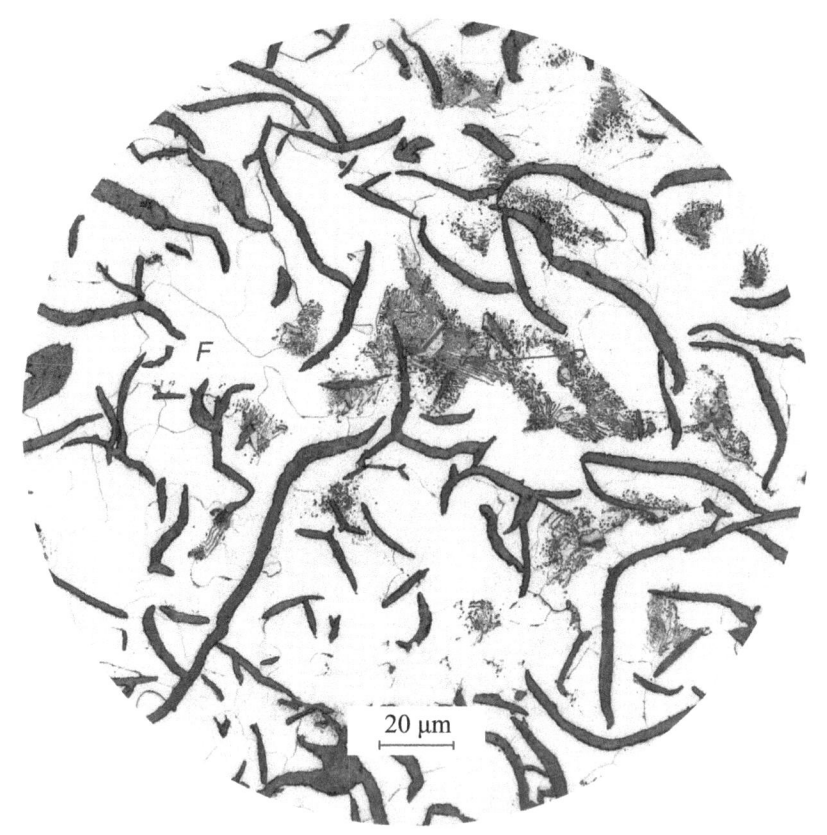

图 4 – 12　铁素体基体灰铸铁

4.2.8　珠光体基体灰铸铁

从实际应用看，较重要的灰铸铁件都采用珠光体基体，这是由于珠光体具有较高的硬度和强度，弹性和耐磨性也较好。如图 4 – 13 所示，黑色的呈弯曲状的 A 型石墨，分布在灰黑色的珠光体基体上。珠光体由片层灰黑色的渗碳体和片层白色的铁素体构成。片层珠光体是在奥氏体扩散温度范围内直接分解的产物。珠光体片间距越小，材料的强度和硬度越高，弹性也越好。但随着珠光体片间距继续减小，材料性能也就下降。因此，期望获得较细和中等片状的珠光体组织。

图 4-13 珠光体基体灰铸铁　　　　　　　　讲解视频

4.2.9 磷共晶在灰铸铁

如图 4-14 所示，基体组织为灰黑色的片层珠光体，上面分布着呈弯曲状的黑色 A 型石墨以及白色棱角状的磷共晶。磷共晶是在磷化铁上分布着铁素体质点和粒状/条状/针状碳化物。磷共晶的熔点比较低，二元磷共晶的熔点为 1 005 ℃，三元磷共晶的熔点为 953 ℃。因此，即使在其他组织凝固后，磷共晶仍然以液态形式存在。故，磷共晶一般分布于铸铁的晶界上，并因此提高了铸铁的流动性。具有较高含磷量的铁水，容易得到比较致密的铸件。二元磷共晶的硬度为 700 HV 左右，三元磷共晶的硬度为 800 HV 左右。由于磷共晶属于硬脆相，在高强度铸铁中磷的含量应控制在低的范围内。但因它具有高的硬度和耐磨性，因此高磷铸铁的柴油机缸比原先的合金铸铁或者球墨铸铁缸套寿命要长。

图 4-14 灰铸铁中的磷共晶

讲解视频

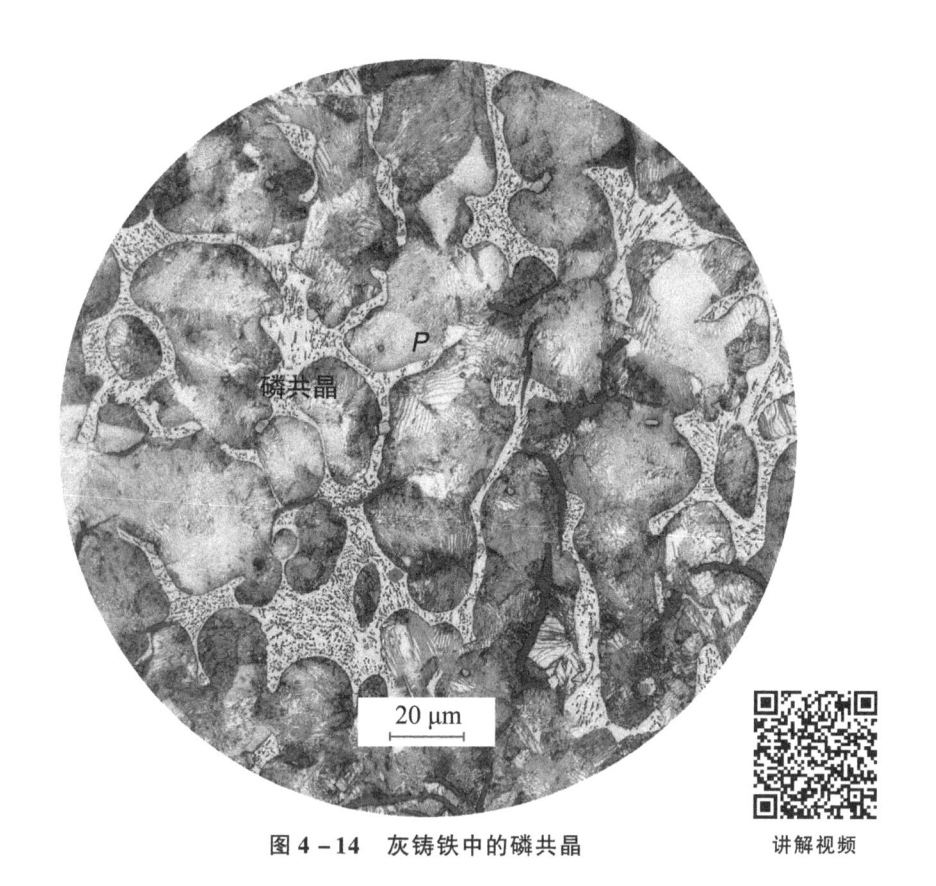

4.3 球墨铸铁

一般灰铸铁在共晶转变时,因为液相既与奥氏体又与石墨接触,所以石墨呈片状生成。加镁铸铁在共晶转变时,液相只与奥氏体接触,在石墨周围形成奥氏体外壳,当铸件凝固后碳通过周围的奥氏体外壳向石墨堆集,使石墨均匀生长为球状。最早使用纯镁,后来采用稀土镁处理铁水,使其中碳大部分或全部以自由状态的球状石墨存在,使石墨割裂基体的作用大大减轻。因此,球墨铸铁具有较高的力学性能,可用来制造曲轴、连杆、齿轮和凸轮轴等许多重要零件。

根据 GB/T 1348—2019《球墨铸铁件》,如图 4-15 所示,球墨铸铁分为五个牌号,如 QT 350-22L、QT 350-22R、QT 500-7 等,牌号中的第

一列数字和第二列数字分别表示该牌号球墨铸铁的最小抗拉强度值和断后伸长率，字母 L 和 R 分别表示低温冲击性能和高温冲击性能。随着强度的增加，基体组织由铁素体、珠光体转变为贝氏体和马氏体。

```
        抗拉强度值  断后伸长率
        QT 350-22L ──→ 低温冲击性能       铁素体
        QT 350-22R ──→ 高温冲击性能       铁素体
        QT 500-7                        铁素体+珠光体
        QT 700-2                        珠光体
        QT 900-2                        贝氏体或回火马氏体
```

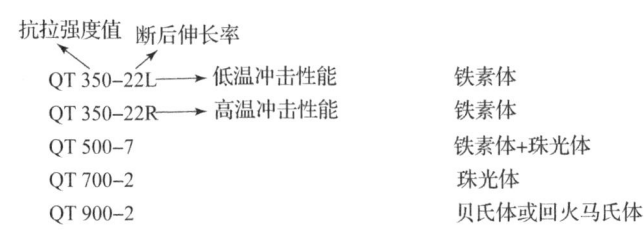

图 4-15　GB/T 1348—2019《球墨铸铁件》

如图 4-16 所示，因未浸蚀，基体未显示，呈白色。球状石墨在抛光完美的情况下，呈灰色、具有反射状结构。实际情况下，总伴随着大量的团状石墨或团絮状石墨，甚至还会有少量的蠕虫状石墨出现。团状石墨是不规整的球状石墨。当组成球状石墨的各个角锥体，在径向的长大速度稍有不同时，就会形成表面凹凸的团状石墨。

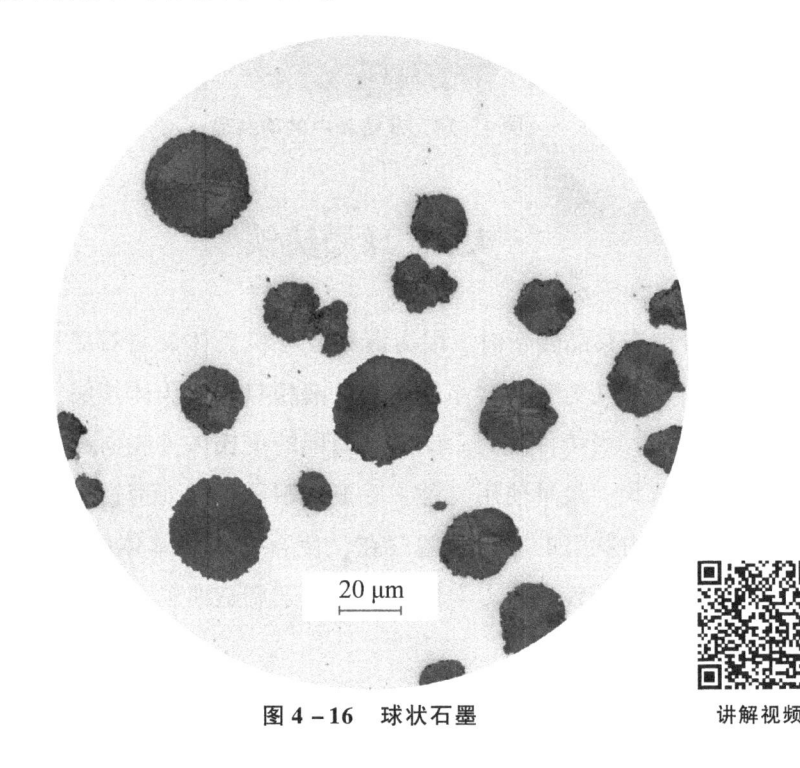

图 4-16　球状石墨

讲解视频

4.3.1 铁素体基体球墨铸铁

如图 4-17 所示，白色基体为铁素体，黑色网络为多边形铁素体晶界，黑色球状为石墨，均匀分布在铁素体基体上。

图 4-17 铁素体基体球墨铸铁

4.3.2 铁素体+珠光体基体球墨铸铁

如图 4-18 所示，黑色球状为石墨，白色铁素体环绕于球状石墨周围，成为牛眼状组织。球状石墨在液态金属中析出时，球状周围的奥氏体中碳含量显著降低，又含硅量高，因此在冷却过程中沿着石墨球容易析出铁素体。铁素体+珠光体亦可通过低温正火获得，但铁素体为块状的，称为破碎状铁素体。

图 4-18　铁素体+珠光体基体球墨铸铁

讲解视频

4.4　蠕墨铸铁

如图 4-19 所示，蠕虫状石墨的形态呈蠕虫状，外形似蠕动着的昆虫，形似桑蚕一般，分布无方向性。蠕虫状石墨大部分彼此孤立，两侧不甚平整，端部呈圆钝或平直状。蠕虫状石墨的形态可以通过蠕化剂和孕育剂加入的比例进行调控。

蠕墨铸铁的石墨结构和力学性能，介于灰铸铁的片状石墨和球墨铸铁的球状石墨之间。由于蠕虫状石墨端部圆钝，较片状石墨尖端的切割作用大为减弱，因此，蠕墨铸铁有较高的强度，刚度和冲击韧性接近于球墨铸铁。

图 4-19 蠕虫状石墨

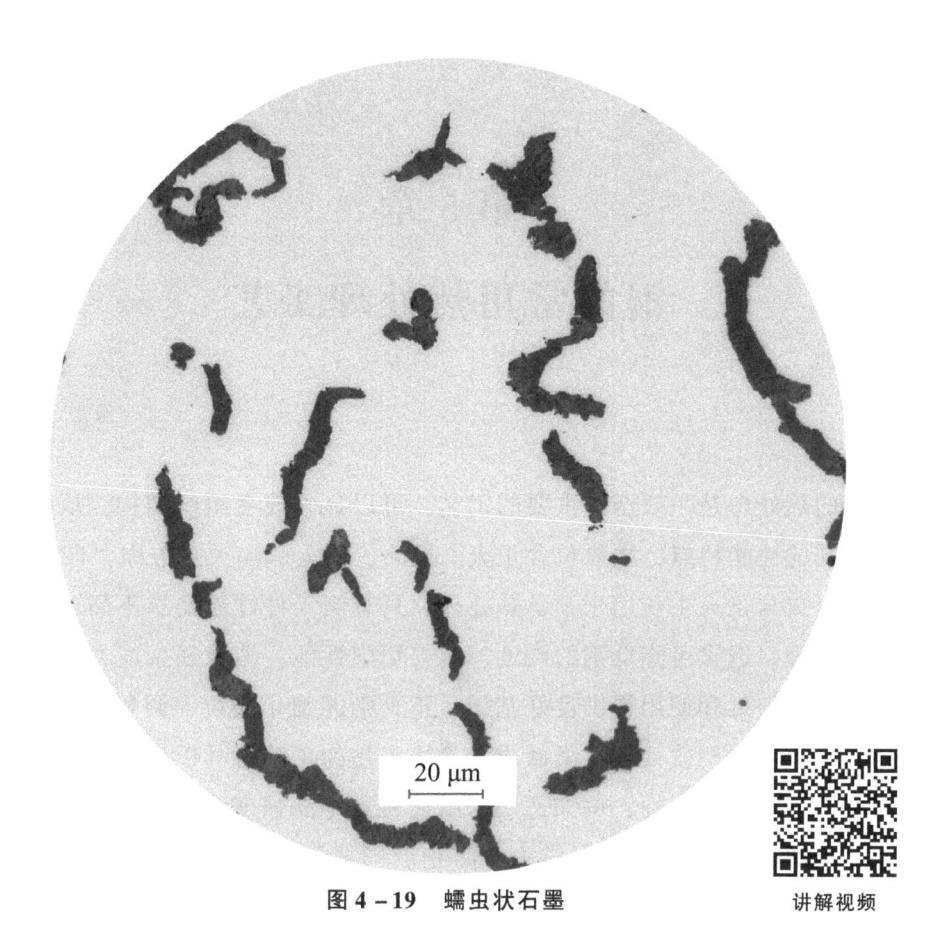

第 5 章
钢的常用热处理工艺

钢的热处理是一项至关重要的工艺,可以显著改变组织结构,从而赋予钢材不同的性能特点,主要包含正火、退火、回火、淬火,俗称"四把火"。其中,退火与正火主要用于预备热处理,只有当工件性能要求不高时才作为最终热处理。退火可降低钢的硬度、改善切削性能、消除残余应力并细化晶粒,为后续加工和使用提供良好基础。正火则能细化晶粒、调整硬度,在某些情况下可替代调质处理,降低成本。淬火是为了获得马氏体组织,可大幅提高钢的硬度和耐磨性,例如适用于制造刀具等高强度耐磨的工具。回火主要是为了减少或消除淬火内应力,防止变形或开裂,调整硬度与韧性的平衡,满足各种机械零件对不同性能组合的需求。

除工业纯铁外,按照化学成分分类,主要包括碳素钢、合金钢。按照用途分类,主要包括结构钢(如建筑结构钢和机械结构钢)、工具钢(如模具钢和刃具钢)、特殊钢(如不锈钢、耐热钢和耐磨钢)等。下面简单介绍一下工业纯铁和碳素钢,并以碳素钢为例介绍"四把火"对微观组织的影响。

5.1 工业纯铁

工业纯铁是钢的一种,它的化学成分主要是铁,含量在 99.5 wt.% 到 99.9 wt.% 之间,碳含量一般在 0.04 wt.% 以下,其他元素是越少越好。因为它实际上还不是真正的纯铁,所以把这种接近于纯铁的钢称作工业纯铁。一般工业纯铁,都比较软,韧性特别的好,电磁性能也很好。所以常见有两种规格，一种可以作为冲压材料，能冲压极其复杂的形状，另一种可以作为电磁材料。

工业纯铁的微观组织是多边形的铁素体，从图 5-1 上可以看到白色的多边形铁素体，黑色的晶界。黑色网络都是晶界，那么为什么会是黑色的？因为晶界原子排列不规则，自由能都比较高，容易被侵蚀，会形成凹槽，在光学显微镜下，呈现黑色。表面还可以看到一些黑色小点的氧化物。

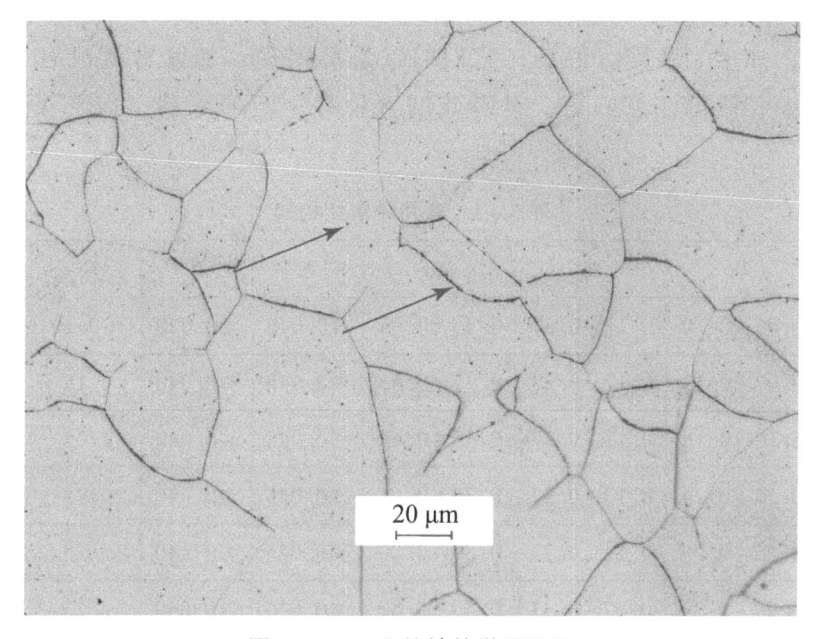

图 5-1 工业纯铁的微观组织

由铁-碳相图可知，727 ℃的铁素体中碳的最大溶解度是 0.02 wt.%，而且随着温度的降低，碳在铁素体中的固溶度也是不断降低的，因此，就会析出渗碳体，称为三次渗碳体。三次渗碳体一般都会在晶界析出，铁素体内部也会析出一点。

5.2 碳素结构钢

碳素结构钢的碳含量一般在 0.7 wt.% 以下，由于冶炼方便和价格低廉，得到了广泛的应用。其中建筑用钢碳含量多在 0.2 wt.% 以下，机械装备用钢碳含量多为 0.2~0.5 wt.%。

根据碳含量的不同，可以分为低碳钢、中碳钢和高碳钢。低碳钢的碳含量是 0.1~0.25 wt.%，中碳钢的碳含量是 0.25~0.6 wt.%，高碳钢的碳含量是 0.6~1.7 wt.%。表 5-1 给出了常见的碳素结构钢的化学成分，可以看到钢号是一些数字，比如 20 号钢，40 号钢，60 号钢，那么这些数字的含义是什么呢？这些数字代表了碳含量，比如说 45 号钢，45 代表它的碳含量是万分之 45 左右，也就是 0.45 wt.%。除了碳元素，还含有其他元素，如硅、锰等。但是，它们的含量都很少，如锰含量只有 0.5~0.8 wt.%。值得注意的是，对磷硫的含量有一定的限制，需要小于一定的数值。

表 5-1 常用碳素结构钢

钢号	C	Si	Mn	S	P	Cr	Ni
08	0.05~0.10	0.17~0.37	0.35~0.65	≤0.040	≤0.040	≤0.10	≤0.25
10	0.07~0.13	0.17~0.37	0.35~0.65	≤0.045	≤0.040	0.15	≤0.25
15	0.12~0.18	0.17~0.37	0.35~0.65	≤0.045	≤0.040	0.25	≤0.25
20	0.17~0.24	0.17~0.37	0.35~0.65	≤0.045	≤0.040	0.25	≤0.25
25	0.22~0.29	0.17~0.37	0.50~0.80	≤0.045	≤0.040	0.25	≤0.25
30	0.27~0.34	0.17~0.37	0.50~0.80	≤0.045	≤0.040	0.25	≤0.25
35	0.32~0.39	0.17~0.37	0.50~0.80	≤0.045	<0.040	0.25	≤0.25
40	0.37~0.44	0.17~0.37	0.50~0.80	≤0.045	≤0.040	0.25	≤0.25
45	0.42~0.49	0.17~0.37	0.50~0.80	≤0.045	≤0.040	0.25	≤0.25
50	0.47~0.55	0.17~0.37	0.50~0.80	≤0.045	≤0.040	≤0.25	≤0.25
55	0.52~0.60	0.17~0.37	0.50~0.80	≤0.045	≤0.040	≤0.25	≤0.25
60	0.57~0.65	0.17~0.37	0.50~0.80	≤0.045	≤0.040	≤0.25	≤0.25
65	0.62~0.70	0.17~0.37	0.50~0.80	≤0.045	<0.040	≤0.25	≤0.25
70	0.67~0.75	0.17~0.37	0.50~0.80	≤0.045	≤0.040	≤0.25	<0.25

第 5 章　钢的常用热处理工艺

热轧处理后的 20 号钢，它的微观组织是由多边形铁素体和珠光体构成的。如图 5-2 所示，白色的是多边形铁素体，黑色块状的就是片状珠光体。由于放大倍数比较低，珠光体的片层结构没有显示出来。20 号钢的碳含量很低，只有万分之二十。它的铁素体占比较高，占到 76%；珠光体占比较低，只有 24%。由于它的碳含量较低，所以强度就会比较低，可用来制作承受应力不大而要求较大韧性的机械零件，如轴套和螺钉等。可以看到，微观组织中珠光体是呈带状分布的，这个带状的方向其实就是热轧的方向。

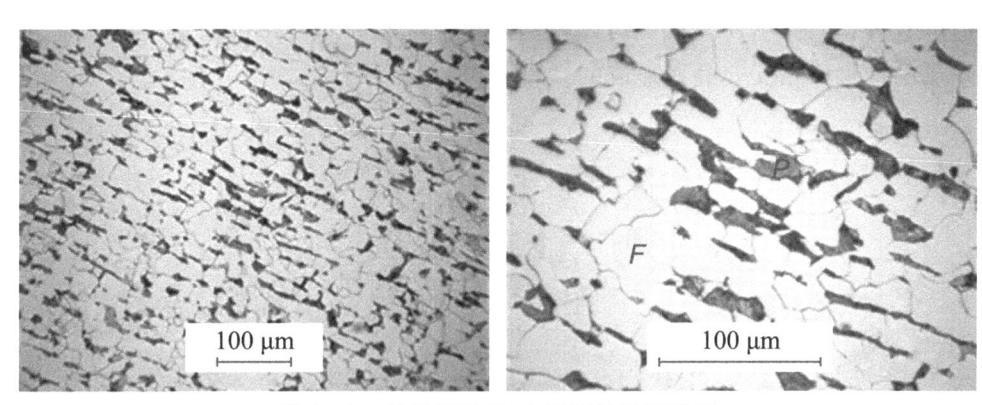

图 5-2　热轧处理后 20 号钢的微观组织

热轧处理后的 45 号钢，如图 5-3 所示，它的微观组织也是由白色的多边形铁素体和黑色块状的片层珠光体组成的。由于放大倍数比较低，珠光体的片层结构也没有显示出来。45 号钢的碳含量比 20 号钢的碳含量要高一倍多，使得珠光体的体积分数提高到了 57%。

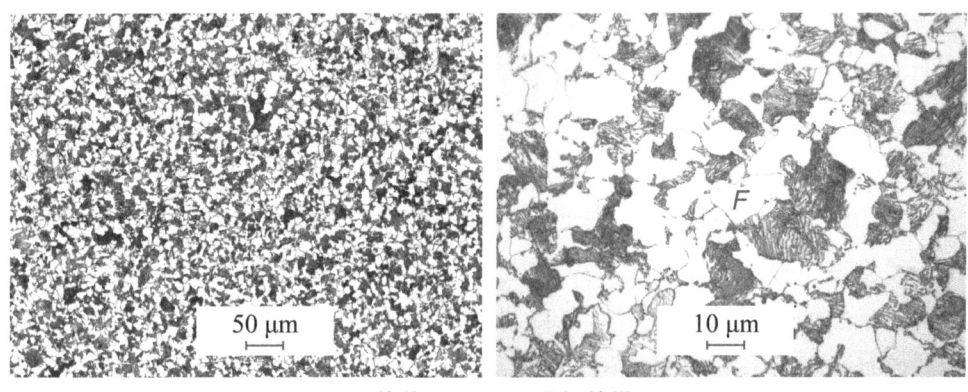

图 5-3　热轧处理后 45 号钢的微观组织

5.3 45号钢的正火处理

45号钢在热轧之后的微观组织如图 5-3 所示，块状的珠光体有的很大，有的很小，大小不一，使得微观组织不是很均匀。在更大的倍数下，如图 5-4 所示，可以看到中间有一个比较大的块状珠光体，而旁边有一些很小的块状珠光体，说明组织是非常不均匀的。珠光体放大之后，可以看到它的内部有黑色的渗碳体，还有白色的铁素体，说明珠光体是由片层的渗碳体和片层的铁素体相互交叠而形成的。

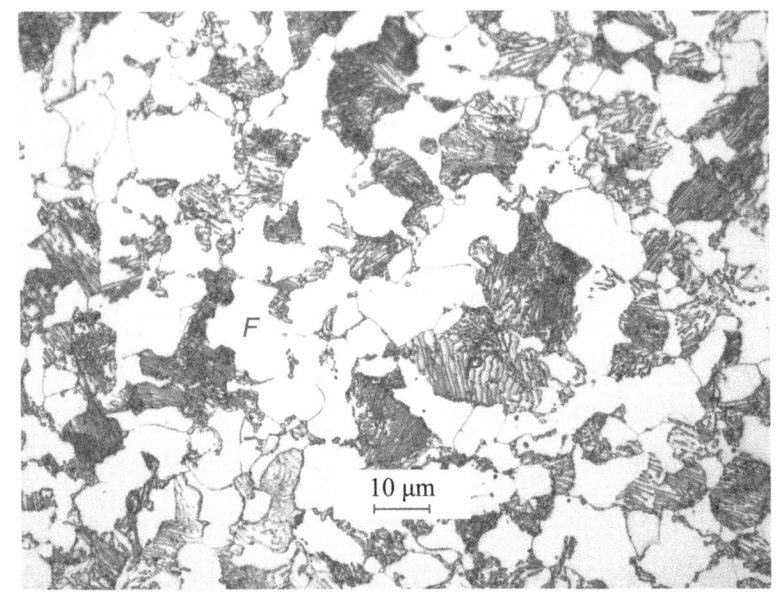

图 5-4 热轧处理后 45 号钢的高倍微观组织　　讲解视频

如何改善这个微观组织，使这个组织更加均匀细小呢？这就需要通过正火处理。正火是一种改善钢材韧性的热处理工艺，需要将钢材加热到 Ac_3 温度以上 30~50 ℃，保温一段时间后，出炉空冷。它的主要特点是冷却速度，由于是空冷，那么冷却速度是快于退火而低于淬火的。正火以稍快的速度冷却，使钢材的晶粒细化，不但可以得到满意的强度，而且可以明显提高韧性，降低钢材的开裂倾向。

正火后，微观组织还是由白色的多边形铁素体和块状的片层珠光体组成。由于正火的冷却速度比较快,铁素体得不到充分的析出而含量会较少一点,使得进行共析反应的奥氏体增多,导致析出的珠光体较多。如图 5-5 所示,可以看到正火后的微观组织比热轧之后的更加细小,更重要的一点是块状珠光体的大小更加均匀。因此,正火处理使微观组织均匀化而且更加细小。

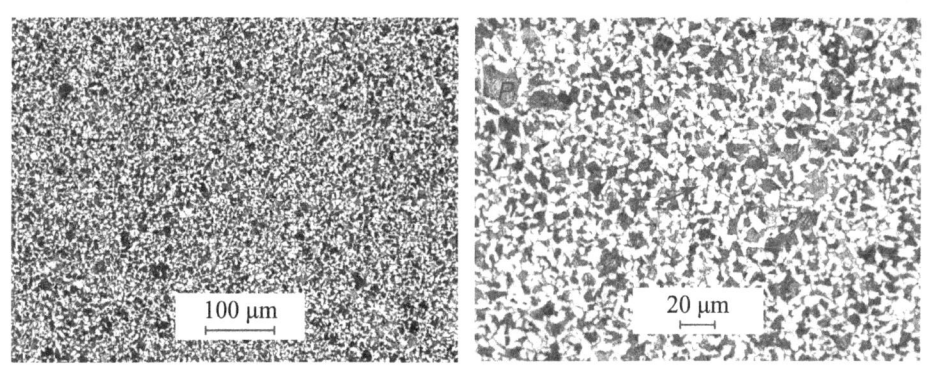

图 5-5 正火处理后 45 号钢的微观组织

放大之后,如图 5-6 所示,可以看到珠光体还是由黑色的渗碳体和白色铁素体交叠组成,但是片层结构更加清晰可见。块状珠光体的大小都相差不大,说明这个组织被均匀化了。

图 5-6 正火处理后 45 号钢的高倍微观组织

讲解视频

正火的主要目的是细化晶粒，调整硬度，改善切削性能等。与退火相比，正火的冷却速度较快，因此获得的组织比退火后的组织更细，强度和硬度也相对较高。对于亚共析钢，正火用以消除铸、锻、焊件的过热粗晶组织和魏氏组织，以及轧材中的带状组织，细化晶粒，并可作为淬火前的预备热处理。对于过共析钢，正火可以消除网状二次渗碳体，并使珠光体细化，不但改善机械性能，而且有利于以后的球化退火。对于普通中碳结构钢，在力学性能要求不高的场合下，可用正火代替淬火+高温回火，不仅操作简便，而且使钢材的组织和尺寸稳定。

5.4　45号钢的退火处理

对45号钢进行退火处理，如图5-7所示，它的微观组织还是由白色的多边形铁素体和灰黑色的块状珠光体组成的。退火是把钢材加热到较高的温度并保温一段时间，然后钢材随炉冷却。因为是随炉冷却，所以冷却速度比正火的冷却速度要慢很多，可以生成更多的铁素体，并且铁素体有更多的时间去长大。因此，退火状态下钢材的强度是偏低的。为了发挥45号钢的潜力，通常在调质或正火状态下使用。

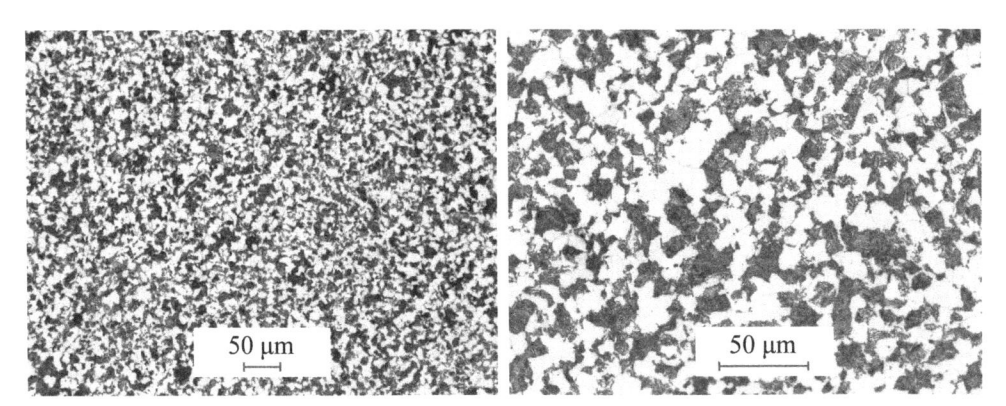

图5-7　退火处理后45号钢的微观组织

把它放大来看，如图5-8所示，微观组织比正火的还要均匀，而且比较粗大。值得注意的是，通过正火+退火的热处理工艺，可以消除组织遗传。

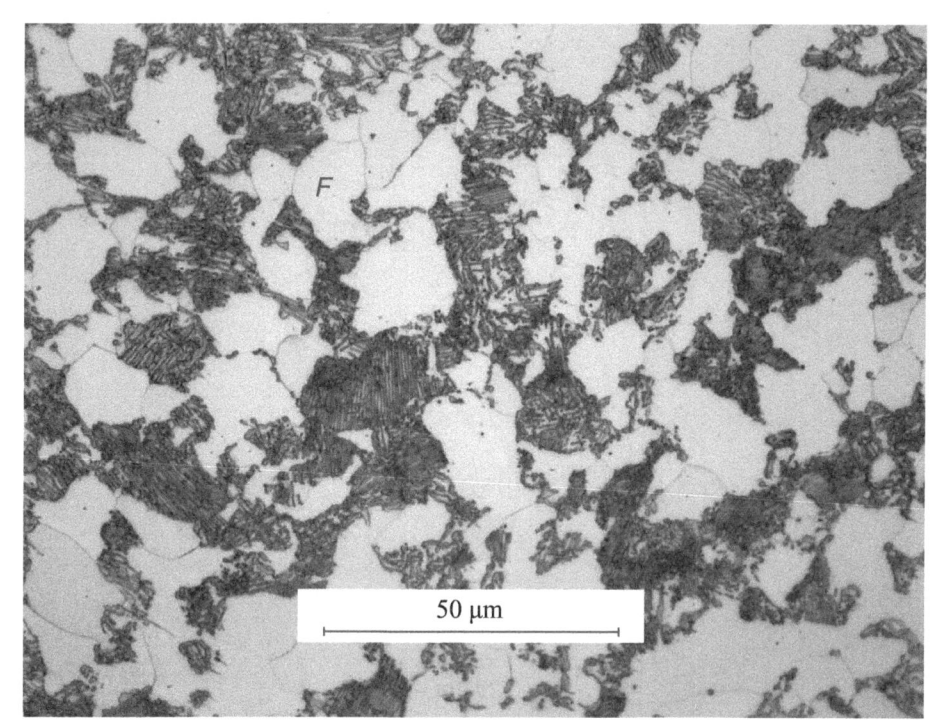

图 5-8　退火处理后 45 号钢的高倍微观组织

退火的主要目的是降低钢的硬度，改善切削性能。例如，高碳钢在锻造后硬度较高，经过球化退火后，碳化物呈球状分布，硬度降低，在后续的机械加工中更容易进行车削、铣削等操作。同时，退火还可以消除钢材在锻造、焊接等过程中产生的残余应力，防止工件变形和开裂。退火还可以细化晶粒，改善组织和性能。常用的退火工艺包括完全退火、球化退火、等温退火、再结晶退火、石墨化退火、扩散退火、去应力退火等。

5.5　45 号钢的淬火处理

45 号钢的 Ae_1 温度大概在 714 ℃，Ae_3 温度大概在 771 ℃。当奥氏体化的温度是 780 ℃时，虽然比 771 ℃要高 9 ℃，理论上可以完全奥氏体化，但实际中因为样品是有厚度的，使部分铁素体没有被溶解，水淬后在室温保留下来。如图 5-9 所示，未溶解的白色块状的铁素体分布在马氏体之间。

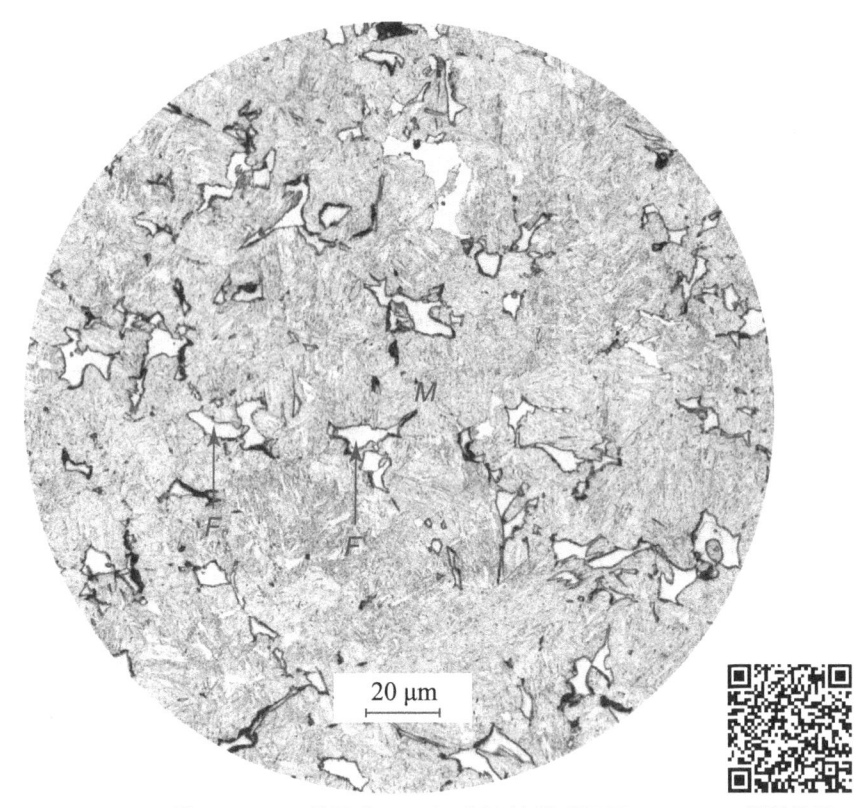

图 5-9　45 号钢在 780 ℃水淬的微观组织

把奥体化的温度升高到 860 ℃，比 771 ℃要高很多，可以确保整个样品都完全奥氏体化，如图 5-10 所示，淬火后获得了完全的马氏体组织。这个中碳马氏体以板条马氏体为主，内部也会有一些针状马氏体。通过光学显微镜无法区分，需要通过电子显微镜来辨别针状马氏体和板条马氏体。因为 45 号钢的马氏体转变温度在 330 ℃左右，所以先形成的马氏体会产生自回火。自回火的程度越大，被腐蚀的程度也就越大，颜色也就越深。没有自回火的马氏体呈现灰白色。

继续把奥体化温度升高到 1 100 ℃，使奥氏体晶粒迅速长大，淬火后生成粗大的中碳马氏体。如图 5-11 所示，粗大的中碳马氏体成排排列，不同原奥氏体晶粒内的排列方向是不一样的。把粗大的马氏体组织称为过热的水淬组织，这种组织会使淬裂的可能性增加，耐磨性、冲击韧度下降，非特殊要求，不宜采用。

第 5 章　钢的常用热处理工艺

图 5 – 10　45 号钢在 860 ℃水淬的微观组织

图 5 – 11　45 号钢在 1 100 ℃水淬的微观组织

由于水淬之后得到了完全的马氏体组织，可以把这个工艺叫作淬火处理。淬火就是把钢材加热到临界温度 Ac_3（亚共析钢）或 Ac_1（过共析钢）以上，保温一段时间，使之全部或者部分奥氏体化，然后再以大于临界冷却速度的方式冷却到马氏体转变温度以下，进行马氏体转变的热处理工艺。

当把 45 号钢加热到 Ac_3 温度以上，再把它放到油里冷却，如图 5-12 所示，并没有得到完全的马氏体组织，说明这个油淬处理不能叫作淬火。为什么没有得到完全的马氏体组织呢？因为在油里面的冷却速度是不够的，比临界冷却速度要小，所以会在原奥氏体边界析出白色的铁素体，还有一部分托氏体。最后没有转变的奥氏体才会转变成马氏体。

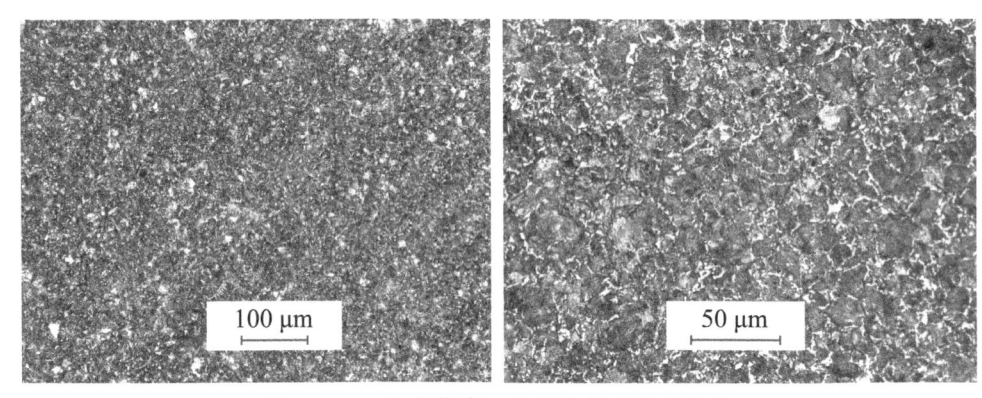

图 5-12　45 号钢在 860 ℃油淬的微观组织

再看放大图，如图 5-13 所示，很明显可以看到在原奥氏体晶界处，析出白色的铁素体。由于冷却速度小于临界冷却速度，还会形成一部分托氏体，然后没有转变的那一部分奥氏体最终转变为马氏体。托氏体是珠光体的一种，也是由片层状的渗碳体和片层状的铁素体组成的。在 1 000 放大倍数下，无法区分托氏体的片层结构。

淬火冷却速度过快可能会导致工件产生较大的内应力，引起变形甚至开裂。淬火冷却速度不足，可能会形成铁素体和珠光体等。因此，淬火介质的选择很重要。水的冷却速度快，油的冷却速度相对较慢，对于形状复杂的工件，可能需要使用特殊的淬火介质，如淬火油或盐浴等，来控制冷却速度，减少变形和开裂的风险。除需合理选用淬火介质外，还要有正确的淬火方法常用的淬火方法主要有单液淬火、双液淬火、分级淬火、等温淬火、局部淬火等。

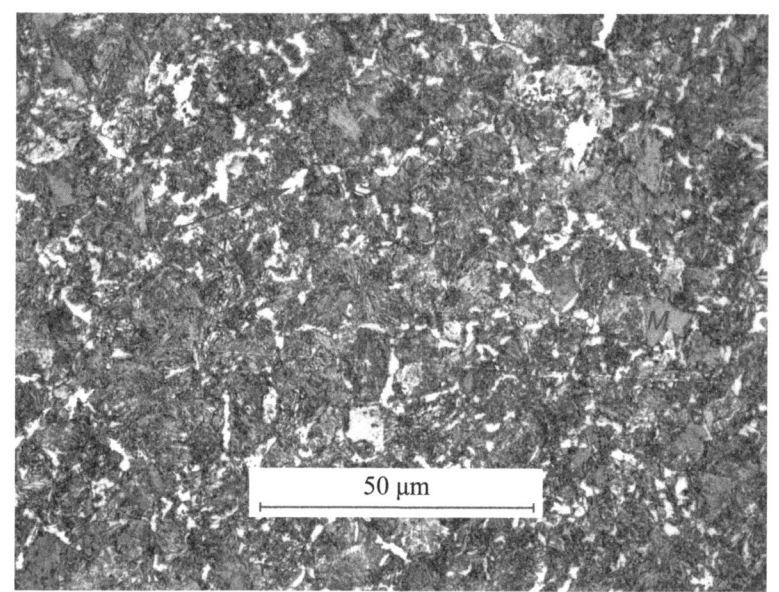

图 5-13　45 号钢在 860 ℃油淬的高倍微观组织

讲解视频

5.6　45 号钢的回火处理

由于水淬后的 45 号钢比较脆且韧性低，为了改善韧性就需要进行回火。回火就是把淬火后的钢件加热到 Ac_1 温度以下，保温一段时间，然后冷却到室温的工艺。首先来看低温回火（如 230 ℃），如图 5-14 所示，会使马氏体内部析出渗碳体，从而更易腐蚀，呈深黑色。结构钢一般采用脆火+低温回火的工艺，这样在获得高强度和硬度的前提下，可以改善它的韧性。

把回火温度升高到 430 ℃左右，称作中温回火。如图 5-15 所示，中温回火可以促使马氏体中析出的碳化物向边缘集聚，呈极细颗粒状，在光学显微镜下不能分辨而呈黑色。马氏体中心贫碳处，呈现白色。把中温回火后的组织称为回火托氏体，回火托氏体是从马氏体分解出的铁素体基体上分布极细粒状渗碳体的混合物组织。

图 5-14　45 号钢在 230 ℃回火的微观组织

图 5-15　45 号钢在 430 ℃回火的微观组织

回火温度再继续升高，比如 600 ℃，就叫作高温回火。如图 5-16 所示，高温回火促使马氏体中析出的碳化物向边缘聚集，致使其易浸蚀呈黑色，而马氏体中心贫碳呈灰白色。碳含量 0.30~0.50 wt.% 的结构钢为获得良好的强韧性，一般采用淬火+高温回火（550 ℃ 以上）工艺，即调质处理，调质处理后强度和硬度有所下降，而塑形和韧性显著提高。高温回火的组织叫作回火索氏体。回火索氏体是铁素体基体上分布细粒状渗碳体的混合物。回火温度增高，渗碳体颗粒长大，其颗粒比回火托氏体粗，但光学显微镜下仍不能分辨渗碳体颗粒。

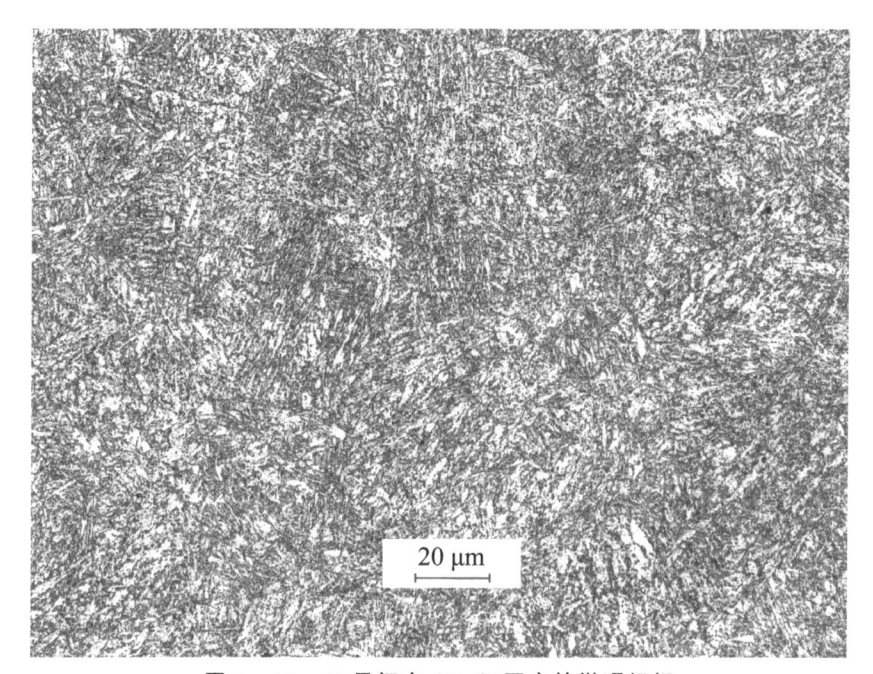

图 5-16　45 号钢在 600 ℃ 回火的微观组织

回火是淬火后紧接着进行的一种操作，通常也是工件进行热处理的最后一道工序，因而把淬火和回火的联合工艺称为最终处理。淬火后的钢件由于内应力较大，比较脆，经过回火后，内应力得到释放，韧性提高。同时，根据回火温度的不同，还可以在一定程度上调整钢的硬度。例如，低温回火（150~250 ℃）可以保持较高的硬度和耐磨性，同时降低脆性，常用于刀具、轴承、渗碳淬火零件、表面淬火零件等；中温回火（350~500 ℃）可以获得较高的弹性极限和屈服强度,用于弹簧等零件;高温回火(500~650 ℃)可以获得良好的综合力学性能,即强度、韧性和塑性都较好。淬火+高温回火的工艺又称为调质处理,广泛应用于各种重要的机械零件。

值得注意的是,钢在300 ℃左右回火时,其脆性增大,这种现象称为第一类回火脆性。一般不应在这个温度区间回火。某些中碳合金结构钢在高温回火后,如果缓慢冷至室温,也易于变脆,这种现象称为第二类回火脆性。在钢中加入钼,或者回火时在油或水中冷却,都可以防止第二类回火脆性。将第二类回火脆性的钢重新加热至原来的回火温度,便可以消除这种脆性。

第6章
过共析钢的热处理

过共析钢以其出色的硬度、强度、韧性和耐磨性，成为切割、加工和机械零件的材料，可满足多样化工况的应用需求，在制造业中占据了重要地位。随着先进制造业的发展，对车刀、丝锥、钻头、铣刀、齿轮刀具，以及冷/热作模具、塑料模具等工模具的要求日益严苛，不仅需要高精度、长寿命、高硬度和优异的耐磨性，还要求材料在承受拉伸、压缩、弯曲、扭转、冲击、疲劳应力、振动和摩擦磨损等多种复杂载荷时展现出优异的力学性能和服役性能。此外，材料还需具备一定的塑性、韧性和尺寸稳定性，甚至在高温下仍能保持较高的硬度，以适应不同的工作环境。

在 Fe-C 合金中，过共析钢是指碳含量高于共析点 0.77 wt.% 的碳素钢。合金元素的添加不仅会影响共析点的碳含量，还会影响相变点的温度 A_1 和 A_{cm}。加入合金元素，大多数情况下会使得共析点左移；特别地，加入 Nb、Ti、V 等元素会使得共析点右移。以工具钢为例，按化学成分可分为碳素工具钢、合金工具钢和高速工具钢。表 6-1 给出了典型碳素工具钢的牌号及化学成分，如 T8 钢的碳含量约为 8 wt.%。

表 6-1 典型碳素工具钢的牌号及化学成分

wt.%

牌号	化学成分										
	C	Mn	Si	P	S	Cu	Cr	Ni	W	Mo	V
T8	0.75~0.84	≤0.40	≤0.35	≤0.035	≤0.030	≤0.25	≤0.25	≤0.20	≤0.30	≤0.20	≤0.02
T10	0.95~1.04	≤0.40	≤0.35	≤0.035	≤0.030	≤0.25	≤0.25	≤0.20	≤0.30	≤0.20	≤0.02
T12	1.15~1.24	≤0.40	≤0.35	≤0.035	≤0.030	≤0.25	≤0.25	≤0.20	≤0.30	≤0.20	≤0.02

一般来说，过共析钢的热处理工艺，包括热变形、正火、球化退火、淬火+回火或等温淬火，如图6-1所示；值得注意的是，淬火后还可以采用深冷处理，从而得到马氏体和/或贝氏体基体组织和少量残余奥氏体，上面分布着球状碳化物。

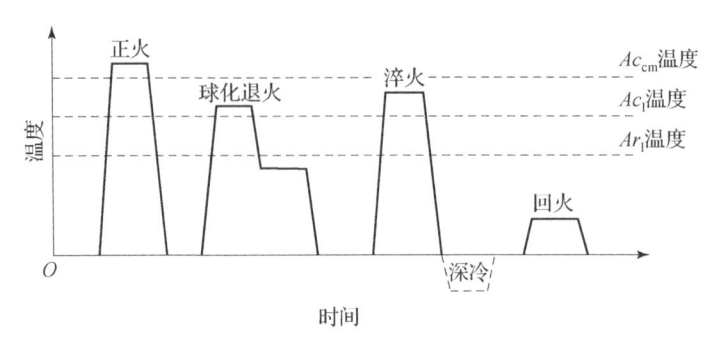

图6-1 过共析钢的热处理工艺图

6.1 热加工和正火

过共析钢在熔炼和均匀化后，需进行热加工，如锻造、轧制等。热加工温度一般在A_{cm}以下、A_1以上；当过共析钢由高温奥氏体缓慢冷却时，首先沿着原奥氏体晶界析出先共析渗碳体，然后形成珠光体，最终得到网状渗碳体+珠光体的组织。热加工温度过高，会得到粗大晶粒组织，容易生成网状碳化物；热加工温度过低，容易形成小的裂纹。热加工后应快速冷却到A_1以下然后缓冷，从而尽量避免网状碳化物的生成。如图6-2（a）所示，Fe_3C首先沿奥氏体晶界呈网络状析出；然后，随着温度下降到共析温度，发生共析反应，剩余奥氏体转变为片状珠光体。因此，在热加工后，通常需要进行正火处理。正火处理不仅可以细化晶粒，还可以消除热加工时形成的网状碳化物，为球化退火做组织准备，如图6-2（b）所示。正火温度一般选择在Ac_{cm}以上30~50 ℃，此时碳化物完全溶入奥氏体，在快冷时网状碳化物的析出受到抑制，从而得到完全的片层珠光体组织。

图 6-2 利用正火工艺消除网状碳化物

（a）热加工后形成的网状碳化物和珠光体组织；（b）正火后明显消除了网状碳化物

为了节约资源，也可采用退火工艺去除过共析钢中的网状碳化物。但是，Zhang 等人[1]在 GCr15SiMn 轴承钢中发现，只有当网状碳化物的厚度小于 0.29 μm 时，才可以采用退火工艺消除。若碳化物尺寸过于粗大，则只能通过正火工艺来消除。Zhou 等人[2]对有粗大网状碳化物的热轧态 GCr15 钢进行正火处理，随着正火温度的升高，网状碳化物的级别不断降低，条带分布的颗粒状碳化物消失，提高了冲击性能。

6.2 预备热处理——球化退火

由于球状珠光体比片状珠光体的硬度低、塑性好，不仅切削性、冷挤压成型性较好，而且淬火变形开裂倾向小。又因为球状珠光体的渗碳体颗粒比片状珠光体的渗碳体薄片更难转变为奥氏体，所以淬火加热时奥氏体的长大倾向小，过热敏感性小。因此，正火后需对片层珠光体进行球化退火处理，为粗加工和淬火做好组织准备。

球化退火使片层碳化物球化并弥散分布在铁素体基体上，适用于碳含量大于 0.6 wt.% 的工模具钢、轴承钢等的预备热处理。球化退火的效果与渗碳体的片层间距、珠光体团的大小等密切相关，Gang 等人[3]发现珠光体片层间距的细化促进了片层渗碳体的断裂球化。工业上比较成熟的球化退火工艺主要包括连续冷却球化退火和等温球化退火，如图 6-3 所示。其他的球化退火工艺还包括循环球化退火、形变球化退火、低温球化退火等。

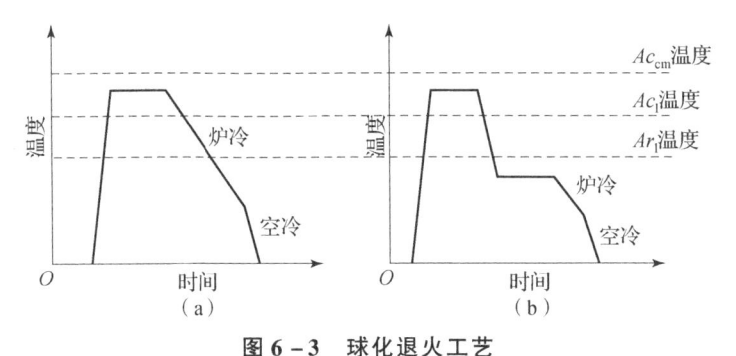

图 6-3 球化退火工艺

（a）连续冷却球化退火；（b）等温球化退火

球化退火后的典型金相组织如图 6-4 所示，可以看到白色球状的碳化物较为均匀地分布在白色的铁素体基体上，其中黑色线条为铁素体晶界。

图 6-4 球化退火后的典型金相组织

连续冷却球化退火是将钢件加热到 Ac_1 以上的两相区温度，保温一定时间后，以一定的冷却速度缓冷到某一温度以下出炉空冷。以 GCr15 轴承钢的连续冷却球化退火工艺为例，先加热到 Ac_1（760 ℃）以上的 780~810 ℃ 保温 3~6 h 后，片层珠光体组织部分溶解并断裂，得到奥氏体和残留的断开的、趋于球状的颗粒状碳化物组织，而后以 10~25 ℃/h 缓慢冷却。一般采用炉冷的方式，冷却到 600~650 ℃ 时出炉空冷。若冷速过快，则碳化物颗粒尺寸小，还会出现点状和少量细小片状组织［图 6-5（a）］，导致退火后钢材的硬度较高，不利于后续加工；若冷速过慢，则碳化物容易发生粗化。

此类退火工艺周期较长，而且球化效果一般，对于钢厂的大批量生产实用意义不大。等温球化退火是先将钢件加热到略高于 Ac_1 10~20 ℃ 的两相区温度保温适当的时间，再快冷至 Ar_1 以下 20~30 ℃ 进行等温处理，通常保温 4~6 h 后随炉冷到 550~650 ℃ 后出炉空冷。该工艺缩短了热处理时间，一般钢厂多采用此工艺，典型的球化退火组织如图 6-5（b）所示。

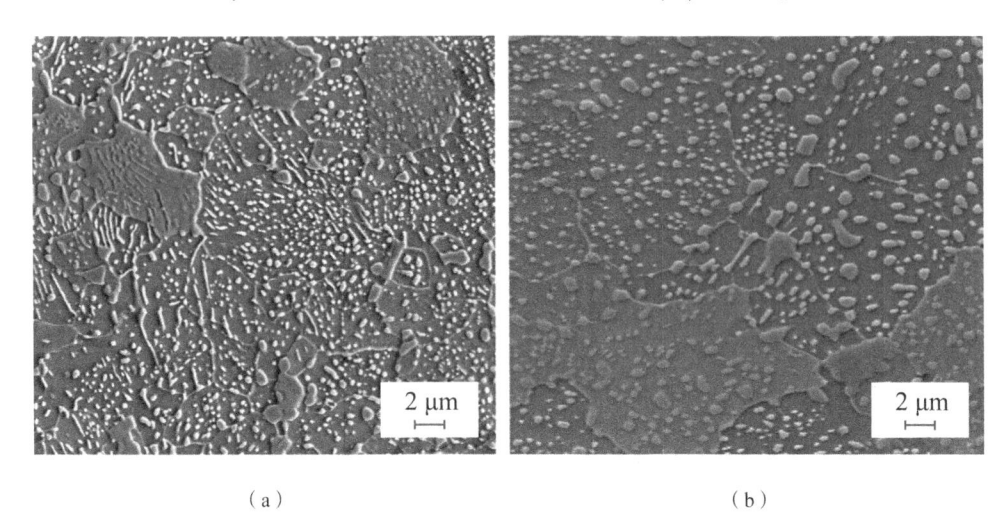

（a） （b）

图 6-5 球化退火后的扫描电子显微镜组织

（a）连续冷却球化退化时冷却速度过快；（b）等温球化退火

在球化退火时，退火加热温度、保温时间、冷却速度等都会影响球化的效果。若加热温度过高会导致大量碳化物的溶解，并且碳元素甚至合金元素发生长程扩散，使得高温奥氏体中的元素呈现均匀分布，在随后的冷却过程中会形成片层珠光体。若加热温度过低，则片层渗碳体不能溶解断裂为颗粒状碳化物，失去了球状渗碳体长大的晶核。同样地，保温时间过长会使碳化物溶解过多，没有足够的未溶解渗碳体颗粒作为球化长大的核心；保温时间过短，则不能保证片状渗碳体的断裂或溶解。Li 等人[4]研究了等温球化退火工艺对 1.0C-1.5Cr 轴承钢碳化物的尺寸和分布的影响，发现随着奥氏体化温度的升高或时间的延长，球状碳化物的平均直径和颗粒间距增加，在局部区域还发现了许多棒状碳化物；在临界二次退火温度以上降低二次退火温度能获得更细小的碳化物，在临界二次退火温度以下进行二次退火时珠光体反应将会替代离异珠光体转变来主导相变过程，形成片层珠光体。值得注意的是，碳化物的球化程度会影响淬火-回火组织中未溶碳化物的尺寸和分布[5]；随着球化程度的增加和渗碳体粒径的减小，奥氏体化的进程加快，有利于实现高温奥氏体中化学成分的均匀分布和得到细化的奥氏体晶粒，可降低淬火后马氏体的局部应力集中，提高硬度、耐磨性和疲劳性能。

球化退火前的初始组织也会影响球化珠光体的形貌，如 Liu 等人[6]研究了晶粒尺寸对含 1.0 wt.% 碳的过共析钢球化处理的影响，发现当晶粒尺寸小于临界值（4 μm）时，因为碳原子的扩散距离缩短，同时晶界促进了碳向未溶碳化物扩散，所以促进了离异共析转变生成球状珠光体；当晶粒尺寸大于临界值时，奥氏体生长前沿的碳浓度梯度大，反而促进了片状珠光体的形成。

6.3 最终热处理

6.3.1 淬火-回火

过共析钢球化退火后的微观组织为球状珠光体，为了提高材料的强度、硬度、耐磨性和抗疲劳性能等，需要进行淬火-回火处理。将过共析钢加热到 Ac_1 和 Ac_{cm} 之间的两相区温度保温进行奥氏体化，确保球状珠光体可以转变为奥氏体，同时保留一定体积分数的球状渗碳体。该渗碳体颗粒不仅可以作为耐磨相提高钢的耐磨性，还可以阻碍高温奥氏体晶界的迁移。在 Ac_1 温度以上加热时的相转变过程一般分为两个阶段[7]：阶段一，铁素体和部分碳化物转变为奥氏体；阶段二，铁素体完全转变为奥氏体后，剩余的碳化物继续溶解。然后，以大于临界冷却速率的方式进行冷却以获得马氏体组织。随着淬火温度的提高，更多的碳化物颗粒溶解进入奥氏体，提高了基体的合金元素含量，降低了 M_s 点，使得淬火后残余奥氏体的含量提高[8]。

过共析钢正常淬火态的组织如图 6-6 所示，包括隐晶马氏体（黑区）和结晶马氏体（亮区），上面分布着灰白色球状碳化物。在淬火加热时，由于奥氏体晶界处的碳化物和尺寸小的碳化物优先溶解，形成了富集碳元素和合金元素的区域，降低了马氏体转变开始温度，淬火后形成结晶马氏体；由

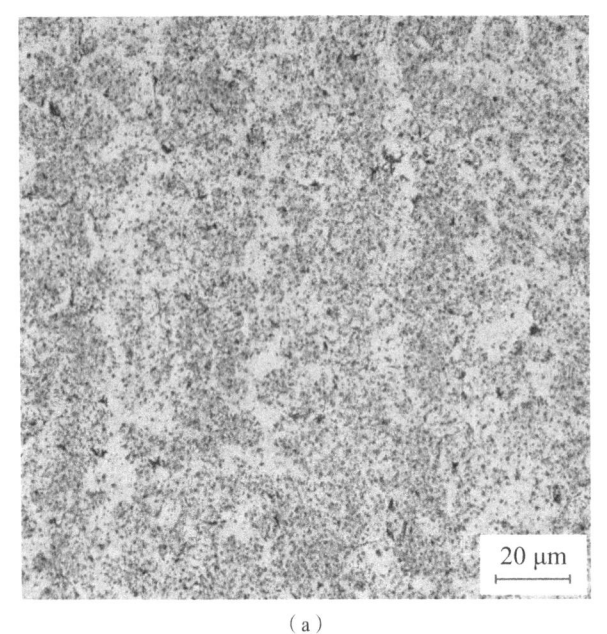

(a)

讲解视频

淬回火马氏体-1级-1000倍

(b)

图 6-6 过共析钢正常淬火态的组织

(a) GCr15 钢在 850 ℃保温 40 min 后水淬的微观组织;
(b) JB/T 1255—2014《滚动轴承高碳铬轴承钢零件热处理技术条件》的轴承钢图例

于自回火少而更耐腐蚀，硝酸酒精腐蚀后呈现亮白色。相应地，碳化物溶解少的区域碳含量和合金元素含量相对较低，使 M_s 点较高，淬火后形成隐晶马氏体；由于易发生自回火，硝酸酒精腐蚀后呈现黑色。碳化物在黑区和亮区的不均匀分布也会使奥氏体晶粒的长大速率不同，导致晶粒尺寸存在较大的差异，从而使冲击韧性和滚动接触疲劳（RCF）性能无法满足一些如冲击和重载等极端服役环境条件下的使用要求。为此，Li 等人[9]在淬火加热前，通过先在略低于 Ac_1 下保温适当时间来改善钢中碳化物分布的均匀性，从而在不牺牲硬度和强度的情况下有效提高了过共析钢的冲击韧性。值得注意的是，若淬火加热温度过低，则容易产生沿某个方向拉长的不规则形状的碳化物颗粒，对材料性能有害[10]。

过共析钢淬火后，形成以马氏体为基体的微观组织，由于淬火马氏体是碳的过饱和固溶体，点阵畸变较大，虽然强度高但是塑韧性差。为了消除淬火应力、稳定组织、改善塑韧性，淬火态钢材需与回火工艺相配合，调控强度、塑性、韧性的匹配，从而满足服役需求。在对强度和硬度要求较高的情况下，过共析钢的回火温度一般选择 150~200 ℃，回火时可能会发生残余奥氏体的分解，并且碳过饱和马氏体中会析出碳化物，如 $\eta - Fe_2C$ [11]、$\varepsilon - Fe_{2-3}C$ [12]、$\chi - Fe_5C_2$ [13]等。然而在实际应用中则需要根据过共析钢的成分和上一步热处理工艺来确定最佳的回火工艺参数，如 20Cr2Ni4A 钢是一种高强渗碳钢，其较高的 Cr、Ni 含量提高了奥氏体的稳定性，即使经渗碳后的淬火仍然有较高的残余奥氏体含量；因此，Liu 等人[14]通过 620~650 ℃ 的高温回火来降低残余奥氏体含量，提高了渗碳层的硬度。

6.3.2 等温淬火

淬火-回火工艺得到的马氏体组织，虽然硬度高，但是韧性差且氢致开裂敏感性也高，限制了其在冲击载荷等极端环境下的应用。由于下贝氏体组织具有较高的强度和良好的塑韧性，因此开发了等温淬火工艺。如图 6-7 所示，在贝氏体区域等温后，得到下贝氏体组织，可以减小内应力、减少淬火变形和开裂。下贝氏体由贝氏体铁素体和残余奥氏体组成，其中残余奥氏体会带来相变诱导塑性（TRIP）效应，有利于提高强韧性配合[15]。

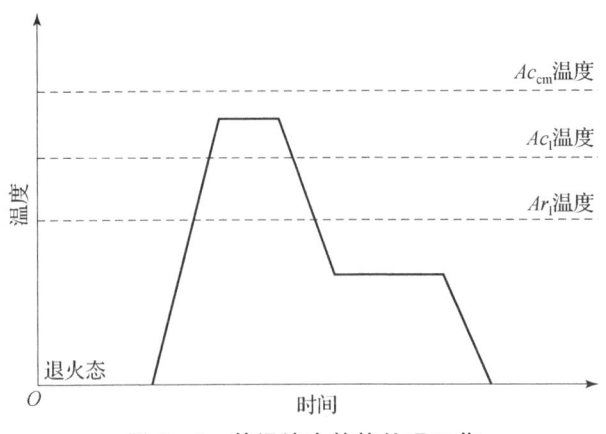

图 6-7 等温淬火的热处理工艺

值得注意的是，马氏体和贝氏体组成的组织，会比单一的马氏体或贝氏体组织具有更好的强韧性匹配。Su 等人[16]通过在 M_s 点以上的 200 ℃ 和 230 ℃ 等温下先形成一定比例的贝氏体，再淬火到室温生成马氏体，制备了马氏体和贝氏体的复相组织（图 6-8）。还可以在 M_s 温度以下先进行马氏体预淬火，在贝氏体转变前先引入一定比例的淬火马氏体，然后在 M_s 点以上保温一定时间形成下贝氏体[17]，淬火马氏体的存在促进了下贝氏体的形成[18]。Lu 等人[19]对 GCr15 轴承钢先在 200 ℃ 淬火形成 32.8% 的淬火马氏体，随后进行等温贝氏体转变得到 35.2% 的贝氏体组织，最后淬火和回火；得到的强度（1 483 MPa）和韧性（71 J）匹配要优于常规的淬火-回火工艺，且硬度高于 59 HRC，满足轴承应用的需要；同时，富碳的残余奥氏体以膜状形态存在于马氏体与贝氏体之间，其机械稳定性要高于淬火-回火工艺中的块状奥氏体，提高了轴承的尺寸稳定性。

6.4 冷变形的影响

为了进一步调控微观组织以优化力学性能，可以在热处理前引入冷变形来细化晶粒。由于 Chatterjee 和 Varez 等人[20]发现奥氏体晶粒尺寸的增大会增加马氏体板条的开裂倾向，Li 等人[21]在淬火前对 1.0C-1.5 Cr 轴承钢进行冷变形，从而细化了奥氏体晶粒，提高了冲击韧性。Chakraborty 等人[22]

(a)

(b)

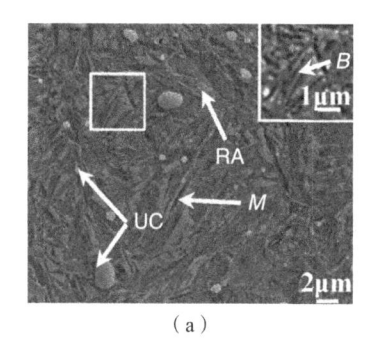

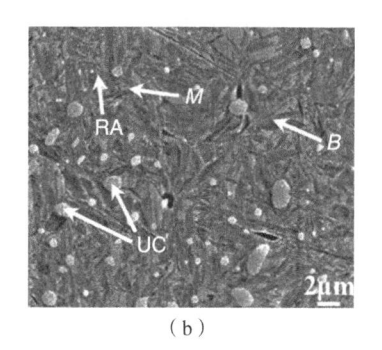

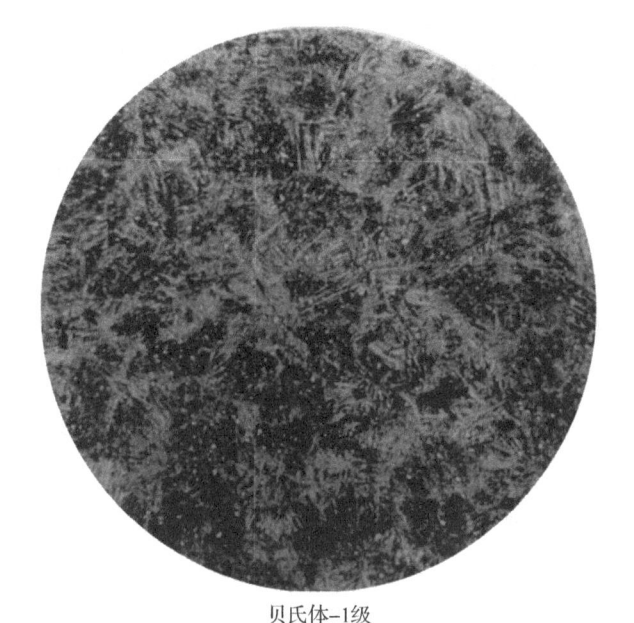

贝氏体-1级
(c)

图 6-8　GCr15 轴承钢的微观组织

(a) GCr15 在 200 ℃等温淬火后的微观组织；(b) GCr15 在 230 ℃等温淬火后的微观组织；
(c) JB/T 1255—2014《滚动轴承高碳铬轴承钢零件热处理技术条件》中的轴承钢图例

报道了类似的结果，适度的冷变形（<15%）细化了贝氏体片层，提高了等温 GCr15 轴承钢的冲击韧性。Lu 等人[23]通过预先的冷变形产生大量低角度晶界成为奥氏体的形核位点，从而细化了奥氏体晶粒；同时增加了贝氏体相变的孕育期、延缓了贝氏体转变的动力学，最终形成了超细纳米贝氏体铁素体（180 nm）；这限制了位错在厚度方向的滑移、阻碍了裂纹的偏转，有利于提高强度和韧性。Wang 等人[24]通过预先的冷变形细化了奥氏体晶粒，加

速了奥氏体化过程中碳化物的溶解；在增加相界面密度的同时，促进了回火过程中碳原子向残余奥氏体的扩散；并且，随着冷变形量的增加，残余奥氏体由块状形态转变为膜状，其力学稳定性也得到提高。

参考文献

[1] ZHANG D D, et al. Network carbide inheritance during heat treatment process of large shield machine bearing steel GCr15SiMn [J]. Materials Science Forum, 2015, 817: 115 - 120.

[2] 周金华, 陈迦杉, 申勇峰. 正火温度对GCr15轴承钢碳化物溶解扩散和冲击性能的影响[J]. 金属热处理, 2019, 44(3): 100 - 103.

[3] GANG U G, LEE J C, NAM W J. Effect of prior microstructures on the behavior of cementite particles during subcritical annealing of medium carbon steels[J]. Metals and Materials International, 2009, 15(5): 719 - 725.

[4] LI Z X, LI C S, ZHANG J, et al. Effects of annealing on carbides size and distribution and cold formability of 1.0C - 1.5Cr bearing steel [J]. Metallurgical and Materials Transactions A, 2015, 46(7): 3220 - 3231.

[5] WU H Y, HAN D X, DU Y, et al. Du. Effect of initial spheroidizing microstructure after quenching and tempering on wear and contact fatigue properties of GCr15 bearing steel[J]. Materials Today Communications, 2022, 30: 103152.

[6] LIAN F L, et al. Ultrafine grain effect on pearlitic transformation in hypereutectoid steel[J]. Journal of Materials Research, 2013, 28(5): 757 - 765.

[7] HILLERT M, NILSSON K, TORNDAHL L. Effect of alloying elements on the formation of austenite and dissolution of cementite [J]. Transactions of the Japan Institute of Metals, 1971, 209(1): 49 - 66.

[8] SENDA K. The effects of heat treatment on the bending strength of high carbon chromium steel[J]. Transactions of the Japan Institute of Metals, 1962, 3:

第6章 过共析钢的热处理

173 - 177.

[9] LI Y, JIANG Z., WNG P, et al. Effect of a modified quenching on impact toughness of 52100 bearing steels[J]. Journal of Materials Science & Technology, 2023, 160: 96 - 108.

[10] 孔永华, 李思贝, 周江龙, 等. 等温淬火工艺对GCr15钢领组织和耐磨性的影响[J]. 金属热处理, 2016, 41(7): 95 - 99.

[11] HIROTSU Y, NAGAKURA S. Crystal structure and morphology of the carbide precipitated from martensitic high carbon steel during the first stage of tempering[J]. Acta Metallurgica, 1972, 20(4): 645 - 655.

[12] OHMORI Yi, TAMURA I. Epsilon carbide precipitation during tempering of plain carbon martensite[J]. Metallurgical Transactions A, 1992, 23(10): 2737 - 2751.

[13] HäGG G. Pulverphotogramme eines neuen Eisencarbides[J]. Zeitschrift für Kristallographie - Crystalline Materials, 1934, 89(1 - 6): 92 - 94.

[14] 刘永飞, 高啸天, 武占学, 等. 高温回火对20Cr2Ni4A钢渗碳层中残留奥氏体的影响[J]. 金属热处理, 2013, 38(1): 77 - 79.

[15] ZHANG C, FU H, MA S, et al. Microstructure and properties of high - Si high - Mn bainitic steel after heat treatment[J]. Materials Research Express, 2019, 6(9): 0965 - 0968.

[16] SU Y, et al. Effect of isothermal quenching on microstructure and hardness of GCr15 steel[J]. Journal of Materials Research and Technology, 2021, 15: 2820 - 2827.

[17] GONG W, TOMOTA Y, HARJO S, et al. Effect of prior martensite on bainite transformation in nanobainite steel[J]. Acta Materialia, 2015, 85: 243 - 249.

[18] NAVARRO - L?PEZ A, SIETSMA J, SANTOFIMIA M J. Effect of prior athermal martensite on the isothermal transformation kinetics below Ms in a low - C high - Si steel[J]. Metallurgical and Materials Transactions A, 2016, 47(3): 1028 - 1039.

[19] LU X, YANG Z, QIAN D, et al. Effect of martensite pre-quenching on bainite transformation kinetics, martensite/bainite duplex microstructures, mechanical properties and retained austenite stability of GCr15 bearing steel [J]. Journal of Materials Research and Technology, 2021, 15: 2429-2438.

[20] CHATTERJEE S, BHADESHIA H K D H. TRIP-assisted steels: cracking of high-carbon martensite [J]. Materials Science and Technology, 2006, 22 (6): 645-649.

[21] LI Z X, et al. Effect of cold deformation on the microstructure and impact toughness during the austenitizing process of 1.0C-1.5Cr bearing steel [J]. Materials Science and Engineering: A, 2016, 674: 262-269.

[22] CHAKRABORTY J, BHATTACHARJEE D, MANNA I. Development of ultrafine bainite + martensite duplex microstructure in SAE 52100 bearing steel by prior cold deformation [J]. Scripta Materialia, 2009, 61 (6): 604-607.

[23] LU X, et al. Effect of cold deformation on the bainite transformation kinetics, microstructural evolution and mechanical properties of austempered GCr15 bearing steel [J]. Journal of Materials Research and Technology, 2023, 24: 1744-1756.

[24] WANG F, QIAN D S, LU X H. Effect of Prior Cold Deformation on the Stability of Retained Austenite in GCr15 Bearing Steel [J]. Acta Metallurgica Sinica (English Letters), 2019, 32 (1): 107-115.

第 7 章

表面热处理

表面热处理是一种只对金属材料表面进行加热、冷却，从而改变其表面组织和性能的热处理工艺。其目的主要是使零件表面获得高硬度、高耐磨性、抗疲劳性能等，同时保持心部良好的韧性和强度，以满足零件在不同工作条件下的使用要求。例如，在机械传动中，齿轮的齿面需要承受较高的摩擦力和交变应力，通过表面热处理可以提高齿面的硬度和耐磨性，而心部仍具有足够的韧性来承受冲击载荷。如感应加热表面热处理、火焰加热表面热处理、激光加热表面热处理、化学热处理等。

其中，化学热处理是将金属工件置于含有活性原子的介质中加热和保温，使介质中的活性原子渗入工件表面，从而改变工件表面的化学成分和组织，进而达到改善表面性能的目的。例如，渗碳处理是将低碳钢或低碳合金钢工件放入富碳的介质中，使碳原子渗入工件表面，形成高碳的渗层。常见的化学热处理包括渗碳、渗氮、碳氮共渗、氮碳共渗等。

7.1 感应加热表面热处理

55 号钢是一种碳素结构钢，其主要化学成分是碳，含量为 0.52 ~ 0.60 wt.%。除此之外，还含有少量的硅、锰、磷、硫。由于高频淬火，表层升温到奥氏体温区后快速冷却到室温，得到淬火马氏体组织，如图 7 - 1 所示。

图 7-1　高频淬火 55 号钢的表面组织

如图 7-2 所示，心部组织为铁素体和珠光体。白色为铁素体，黑色为珠光体。由于碳含量高，以珠光体为主。

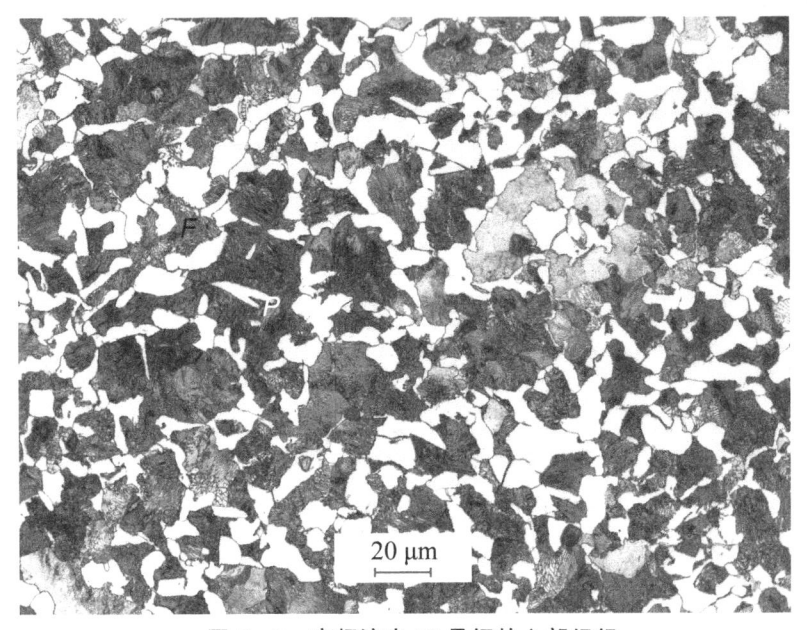

图 7-2　高频淬火 55 号钢的心部组织

7.2 渗碳

渗碳是将钢件放置于渗碳介质中加热至奥氏体状态，使碳渗入钢件表面的典型的常用化学热处理方法。经渗碳淬火后，钢件表面具有高碳钢淬火后的硬度和耐磨性，心部则具有低碳马氏体或临界区淬火的强韧性，有利于提高零件的承载能力和使用寿命。

渗碳主要包括固体渗碳、液体渗碳和气体渗碳。固体渗碳，如木炭加催渗剂，该方法能耗大，劳动条件差，质量不易控制。液体渗碳，以熔化的盐浴作为渗碳介质，公害大。气体渗碳是在含碳的气体介质中进行渗碳，渗碳速度快，渗层质量好，能够精确控制渗层深度、碳浓度和渗碳均匀性。它适合于大批量、自动化生产，并且可以与淬火等后续热处理工艺组成连续的生产线。例如，在汽车、拖拉机等大批量生产齿轮的工业生产中，气体渗碳是主要的渗碳工艺。

碳含量不大于 0.4 wt.% 的碳钢及合金结构钢均可用作渗碳钢。图 7-3 所示为表层渗碳样件的宏观形貌，可以看到由表及里的微观组织明显不同。

图 7-3 表层渗碳样件的宏观形貌

讲解视频

如图7-4所示，表层组织为针状马氏体，其间分布着白色的残余奥氏体组织。由于表层渗碳，碳含量升高，淬火后形成针状马氏体；碳可以稳定奥氏体，使一部分奥氏体未发生转变，得到残余奥氏体。如图7-5所示，心部组织和表面组织明显不同，为回火板条马氏体组织。

图7-4 表层渗碳样件的靠近表面处的微观组织

图7-5 表层渗碳样件的心部微观组织

渗碳后的组织评定，主要关注马氏体、残余奥氏体、内氧化等，参考的标准有 GB/T 25744—2010《钢件渗碳淬火回火金相检验》和 QC/T 262—1999（2005）《汽车渗碳齿轮金相检验》等。如表 7-1 所示，渗碳层基体组织应为细针状马氏体，可分为 6 级；粗大的马氏体将使渗碳件的强度和韧性下降。

表 7-1　马氏体分级和长度（GB/T 25744—2010）

项目	1 级	2 级	3 级	4 级	5 级	6 级
马氏体针长标称值/μm	≤3	5	8	13	20	30
马氏体针长范围/μm	≤3	3~≤5	5~≤8	8~≤13	13~≤20	20~≤30

表 7-2 所示为根据残余奥氏体含量进行的分级。当承受外力作用时，残余奥氏体容易发生范性滑移，从而缓和了应力集中，并减弱了产生疲劳裂纹的可能性和传播速率。如在较大的负荷下，残余奥氏体可转变为马氏体，这将增加表层残余压应力，故有利于疲劳寿命的提高。但过多的残余奥氏体会显著降低钢的强度、硬度和耐磨性，从而降低零件的使用寿命。

表 7-2　残余奥氏体的分级和含量（GB/T 25744—2010）

项目	1 级	2 级	3 级	4 级	5 级	6 级
残余奥氏体标称含量体积分数	≤5%	10%	18%	25%	30%	40%
残余奥氏体含量范围	≤5%	5~≤10%	10~≤18%	18~≤25%	25~≤30%	30~≤40%

内氧化是氧通过扩散进入合金内部，在合金次表面层中实现选择性氧化形成内氧化物的过程。虽然铁元素未满足氧化条件，但其中的合金元素，如 Cr、Mn、Si、Ti，满足氧化条件形成合金氧化物，从而使渗碳钢表层出现须状或点状的脆性氧化物。内氧化的产生使渗碳工件表面硬度下降，表面形成残余拉应力，因而大幅度降低钢的疲劳强度。如图 7-6 所示，可见从表面向内部延伸的内氧化层。

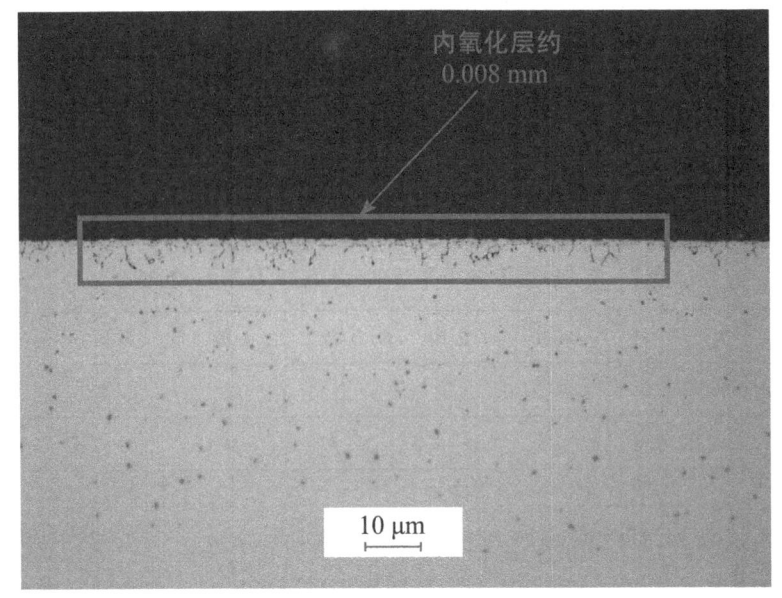

图 7-6 表面的内氧化现象

如表 7-3 所示,根据内氧化层的深度,可分为 6 级。研究表明,内氧化层深度小于 0.013 mm 时,对疲劳强度影响不大;超过 0.016 mm 时,可使疲劳强度降低 25%。为减小和防止内氧化对渗碳层淬透性的影响,可以在炉气中添加一定数量的 NH_3、控制炉内介质成分、降低炉气氧含量、提高淬火冷却速度。实践表明,含 Mo 和 Ni 的钢比含 Cr 和 Mn 的钢的内氧化倾向小。

表 7-3　GB/T 25744—2010《钢件渗碳淬火回火金相检验》的内氧化层评定

级别	特征说明
1 级	表层未见沿晶界分布的灰色氧化物,无内氧化层
2 级	表层可见沿晶界分布的灰色氧化物,内氧化层深度 ≤6 μm
3 级	表层可见沿晶界分布的灰色氧化物,内氧化层深度 >6 μm～12 μm
4 级	表层可见沿晶界分布的灰色氧化物,内氧化层深度 >12 μm～20 μm
5 级	表层可见沿晶界分布的灰色氧化物,内氧化层深度 >20 μm～30 μm
6 级	表层可见沿晶界分布的灰色氧化物,内氧化层深度 >30 μm,最深处深度用具体数字表示

以 16MnCr5 为例，它是从德国引进的钢种，相当于我国的 16CrMn 钢（参照 GB/T 5216—2004），有较好的淬透性和切削性，对较大截面零件，热处理后能得到较高表面硬度和耐磨性，低温冲击韧度也较高，经渗碳淬火后使用，主要用于制造齿轮、轴类、蜗杆、密封轴套等零部件（图 7 – 7）。

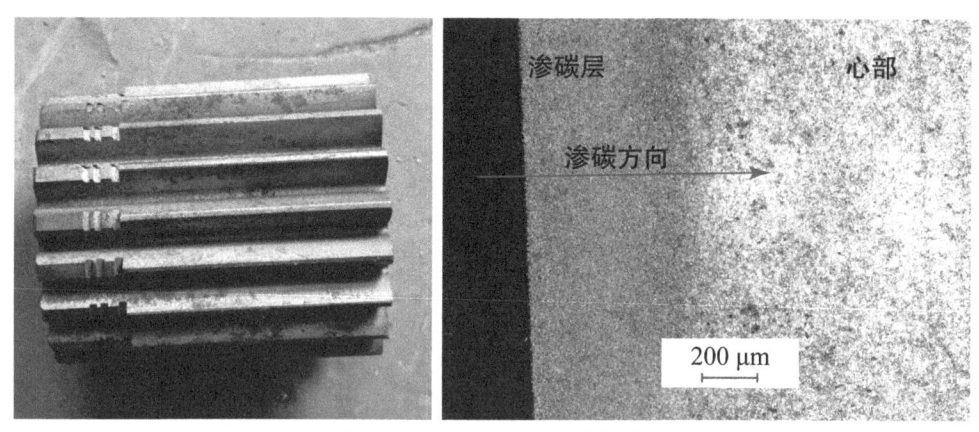

图 7 – 7　16MnCr5 表面渗碳

如图 7 – 8 所示，表层碳含量升高，形成灰黑色片状马氏体，其间分布着少量灰白色残余奥氏体。

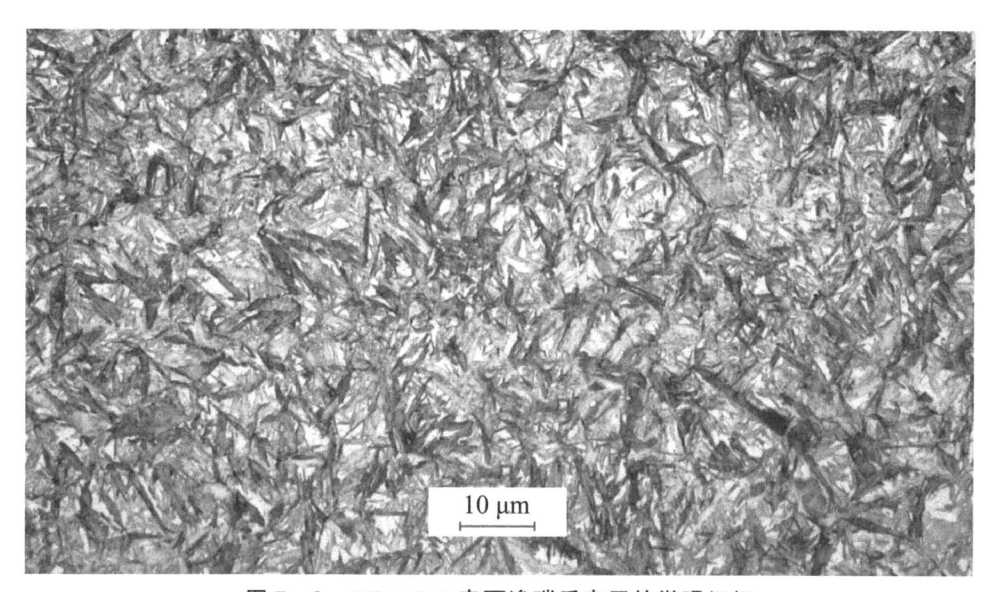

图 7 – 8　16MnCr5 表面渗碳后表层的微观组织

如图 7-9 所示,由于心部碳含量较低 (0.14~0.19 wt.%),心部微观组织由灰色的板条马氏体构成,高温回火后一些板条开始合并,甚至有少量灰白色的铁素体形成。

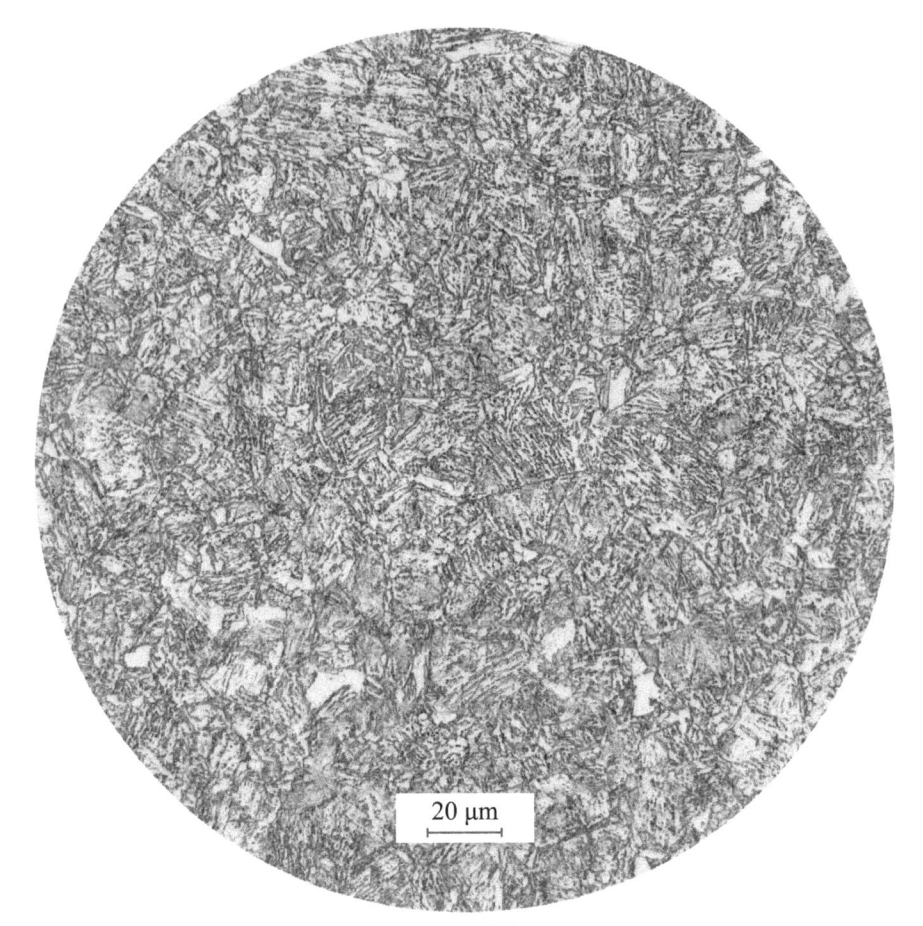

图 7-9　16MnCr5 表面渗碳后心部的微观组织

7.3　碳氮共渗

钢的碳氮共渗,就是将碳、氮同时渗入工件表层的化学热处理过程。主要采用气体渗剂的方法,习惯上所说的碳氮共渗是指中温气体碳氮共渗 (800~880 ℃)。由于氮元素的渗入,奥氏体趋向稳定,可以降低渗层的临界点;同时,马氏体转变点下降,淬火后残余奥氏体增多。并且,氮的渗入增加了碳的扩散速度。一般来说,碳氮共渗并淬火后的工件,表面硬度较渗碳淬火的高,可达 59 ~ 66 HRC。原来渗碳零件改为碳氮共渗时,共渗层的深度一般为渗碳层的 2/3。

氮溶度较高时,有时候会出现白亮色的碳氮化合物,如图 7 - 10 所示。当出现微薄层时,则有利于抗磨和抗蚀性能的提高而脆性较小;当过厚时,则将使与基体结合性能变差,故易于剥落。

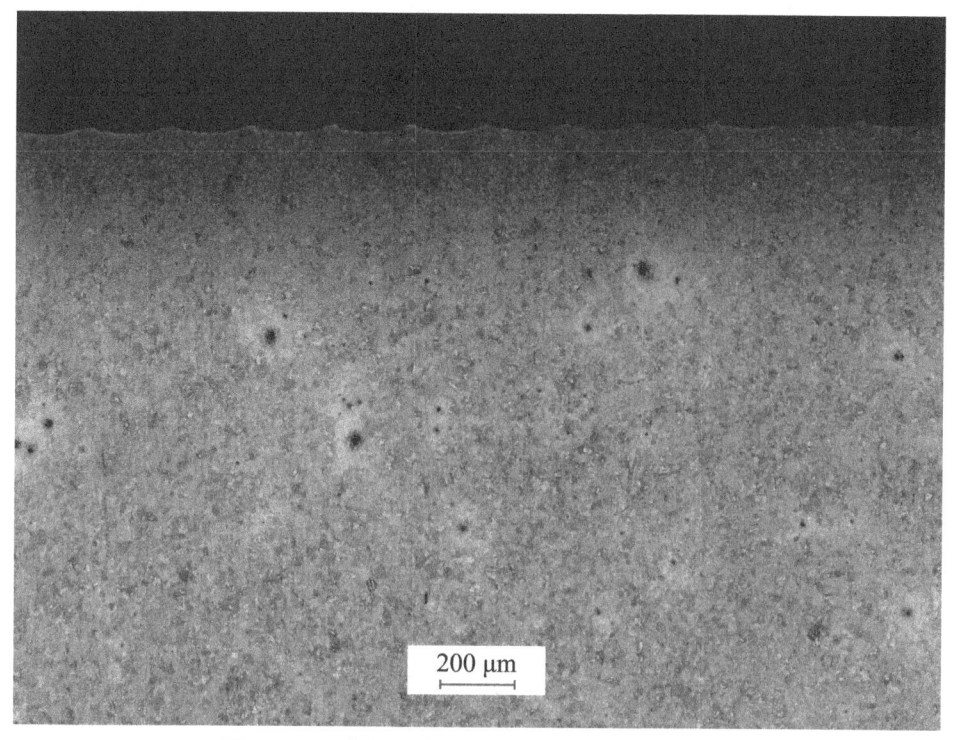

图 7 - 10 碳氮共渗表面的白亮色的碳氮化合物

钢件碳氮共渗并经淬火后,其表面的基体组织与渗碳淬火件基本相似,基体也是针状马氏体,其间分布着白色的残留奥氏体,如图 7 - 11 所示。不同之处是,它在马氏体中含有一定量的氮元素,故亦称为含氮马氏体,以区别于渗碳淬火组织。如图 7 - 12 所示,心部一般为回火后的低碳板条马氏体。

图 7-11 碳氮共渗的表层组织

图 7-12 碳氮共渗的心部组织

7.4 渗氮

渗氮，是在一定温度下一定介质中使氮原子渗入工件表层的化学热处理工艺，常见的有液体渗氮、气体渗氮、离子渗氮。渗氮一般以提高金属的耐磨性为主要目的，因此需要获得高的表面硬度。渗氮后工件表面硬度可达 850~1 200 HV。渗氮温度低，工件畸变小，可用于精度要求高又有耐磨要求的零件，如镗床镗杆和主轴、磨床主轴、气缸套筒等，或有一定耐热、耐腐蚀要求的机器零件，以及各种切削刀具、冷作和热作模具等。但由于渗氮层较薄，不适用于承受重载的耐磨零件。

传统的气体渗氮是把工件放入密封容器中，通以流动的氨气并加热，保温较长时间后，氨气热分解产生活性氮原子，不断吸附到工件表面，并扩散渗入工件表层内，从而改变表层的化学成分和组织，获得优良的表面性能。如图 7-13 所示，正常的气体渗氮工件，表面呈银灰色，叫作白亮层。有时，由于氧化也可能呈蓝色或黄色，但一般不影响使用。

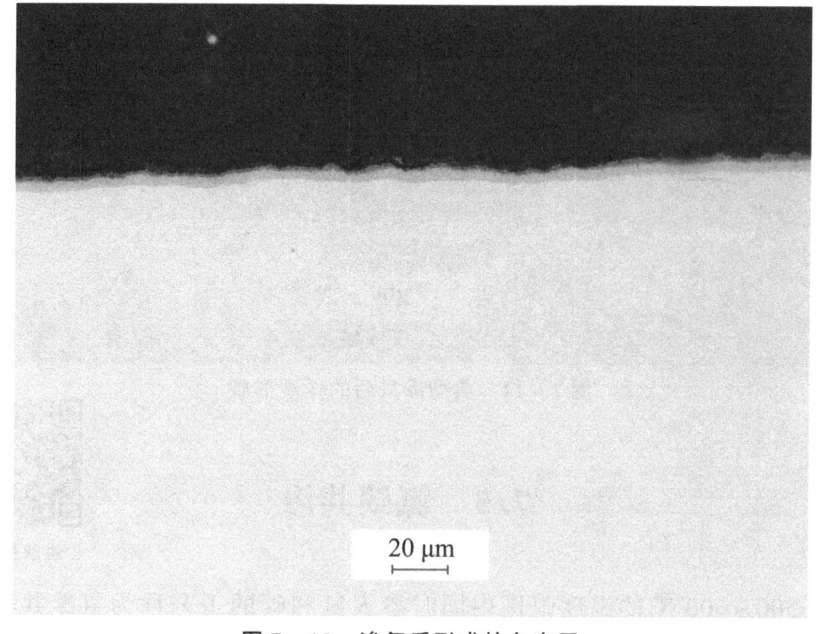

图 7-13 渗氮后形成的白亮层

在渗氮零件的整个制造过程中，渗氮往往是最后一道工序，至多再进行精磨或研磨。渗氮零件的工艺流程一般为：锻造→正火（退火）→粗加工→调质→精加工→去应力→粗磨→渗氮→精磨→装配。其中，正火（退火）的目的是细化晶粒、降低硬度、消除锻造应力；调质处理，可以改善钢的加工性能，获得均匀的回火索氏体组织，以保证零件心部有足够的强度和韧性，同时又能使渗氮层和基件结合牢固；对于形状复杂的精密零件，在渗氮前应进行 1~2 次去应力，以减少渗氮过程中的变形。

典型渗氮后的微观形貌如图 7-14 所示，表层为白亮层，心部为回火索氏体组织。

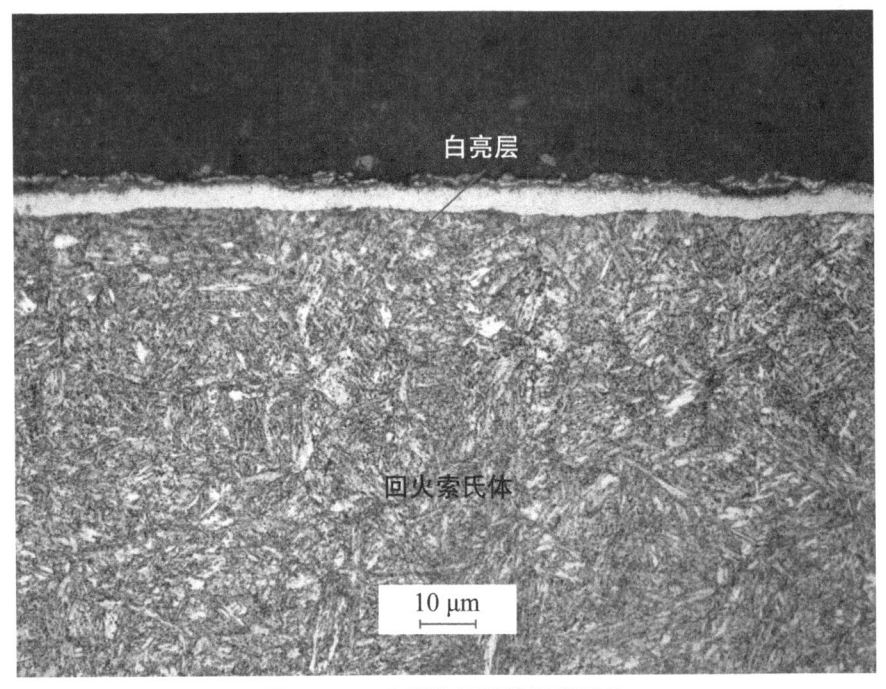

图 7-14 典型渗氮后的微观形貌

7.5 氮碳共渗

在 500~600 ℃ 的温度范围内同时渗入氮和碳的工艺称为氮碳共渗，是以渗氮为主的铁素体状态下的化学热处理。由于氮碳共渗层相对渗氮层韧性更好，故习惯上称为软氮化。

在氮碳共渗后，表面形成 ε 相（Fe_3N）、γ' 相（Fe_2N）及其混合组织，称为化合物层。因其具有良好的抗腐蚀性能，经硝酸酒精溶液腐蚀后，在光学显微镜下呈白色。因此，化合物层又称白亮层，如图 7-15 所示。晶粒形核后，长大到彼此接触时，在横向上受到限制，与渗入原子扩散流方向一致的晶向更有利于生长，于是随着渗层继续增厚，出现柱状晶结构。薄而致密的化合物层脆性小，扭转和弯曲试验都表明，加载至基体发生明显变形后，化合物层仍未开裂。因此，带着这类化合物层服役，可显著提高耐磨性和耐腐蚀性。

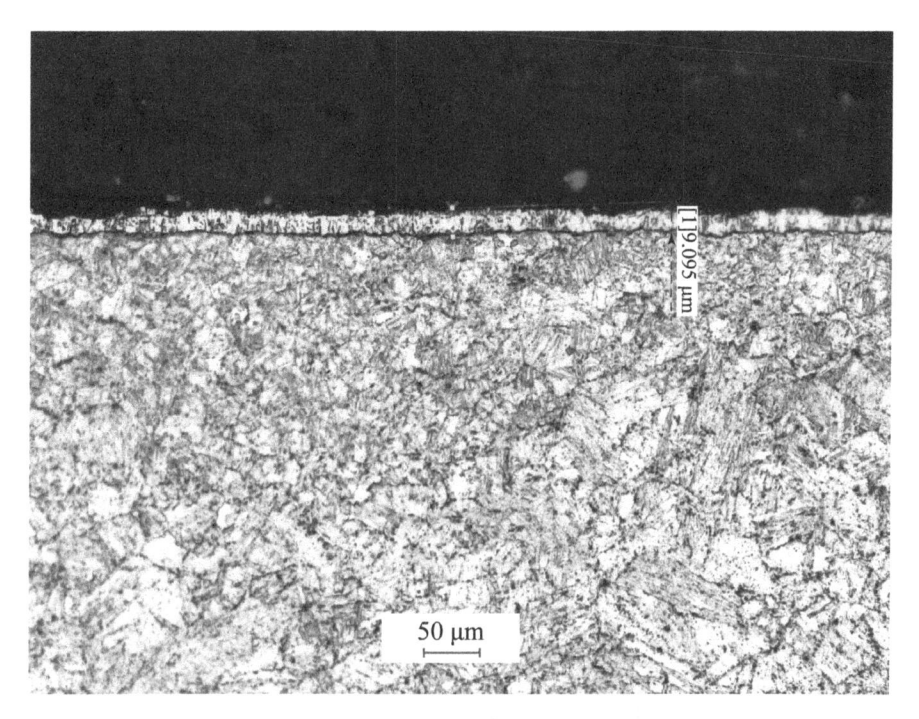

图 7-15 典型氮碳共渗后的微观形貌

除了化合物层，在正常处理温度和时间内，氮向钢内部扩散约 1 mm。在光镜下，无法区分扩散层和基体。当冷却速度很快，扩散层中的氮将保留下来而形成过饱和固溶体；当冷却速度慢时，十分细小的 Fe_4N 会在扩散层呈针状析出。

7.6 氮碳共渗+后氧化

氮化+后氧化技术始于德国，目前德国仍处于领先地位。气体氮碳共渗+后氧化的复合处理工艺是由 QPQ 盐浴复合处理工艺（低温盐浴渗氮或氮碳共渗+盐浴氧化）发展而来的一种新型表面改性工艺，不仅可以极大地提高零件的硬度、耐磨性和耐腐蚀性能，而且克服了 QPQ 盐浴处理时工艺环境恶劣、废盐废水难以处理等一系列环保问题。气体氮碳共渗+后氧化复合处理工艺因操作简便、无污染、处理温度低等特点，已广泛应用于钢铁零件的表面改性处理。

以 16MnCr5 钢为例：首先通过气体氮碳共渗处理在金属基体表面依次形成扩散层以及白亮层，以提升零件的硬度和耐磨性；然后对零件进行水蒸气氧化处理，在白亮层表面生成一层厚度为 1~3 μm 的 Fe_3O_4 氧化层。Fe_3O_4 具有很高的化学稳定性，可显著提高零件的耐腐蚀性能。如图 7-16 所示，在表层形成了白亮层，在白亮层上存在黑色氧化层。

图 7-16 氮碳共渗+后氧化后形成的微观组织

第8章
工程案例

8.1 螺纹钢

螺纹钢是热轧带肋钢筋的俗称，在混凝土中主要承受拉应力。由于肋的作用，和混凝土有较大的黏结能力，因而能更好地承受外力的作用。进口螺纹钢的横肋几何形状主要为方形螺纹、斜方形螺纹；国产螺纹钢的横肋几何形状主要有螺旋形、人字形、月牙形三种。螺纹钢广泛用于房屋、桥梁、道路等土建工程建设，大到高速公路、铁路、桥梁、涵洞、隧道、防洪、水坝等公用设施，小到房屋建筑的基础、梁、柱、墙、板，螺纹钢都是不可或缺的结构材料。螺纹钢的订货原则一般是在满足工程设计所需握紧性能要求的基础上，以机械工艺性能或机械强度指标为主。

钢筋混凝土用螺纹钢的牌号分二级 HRB335（老牌号为 20MnSi）、三级 HRB400（老牌号为 20MnSiV、20MnSiNb、20MnTi）、四级 HRB500 三个牌号。H、R、B 分别为热轧（Hotrolled）、带肋（Ribbed）、钢筋（Bars）三词的英文首位字母，后面数字为屈服强度。考核螺纹钢成分含量的指标主要有 C、Mn、P、S、Si 等，牌号不同，含量各有差别，其大致范围为：$0.10 < C < 0.40$ wt.%，$Mn < 1.80$ wt.%，$P < 0.050$ wt.%，$S < 0.050$ wt.%，$0.60 < Si < 1.00$ wt.%。螺纹钢主要用于钢筋混凝土建筑构件的骨架，在使用中要求有一定的工艺焊接性能、机械强度和弯曲变形性能。

图 8-1 所示为典型的螺纹钢热轧组织，依稀可见组织沿水平轧向分布，

其中黑色为珠光体、白色为多边形铁素体，黑色网络线为铁素体晶界。随着碳含量的增加，珠光体含量会增加，屈服强度也会增加。

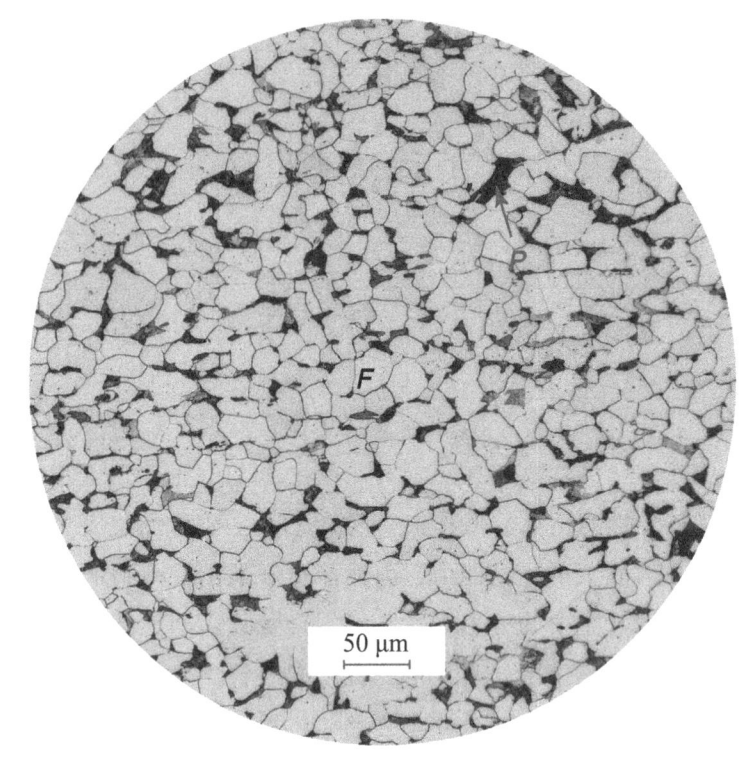

图 8-1 螺纹钢的热轧组织

8.2 管线钢

现代管线钢属于低碳或超低碳的微合金化钢，是高技术含量和高附加值的产品，管线钢生产几乎应用了冶金领域 20 多年来的一切工艺技术新成就。目前管线工程的发展趋势是大管径和高压富气输送、高冷和腐蚀的服役环境、海底管线的厚壁化。因此对管线钢的性能要求主要有以下几方面：（1）在要求高强度的同时，对管线钢的屈强比也提出了要求，一般要求在 0.85~0.93 的范围内；（2）高冲击韧性；（3）低的韧脆转变温度；（4）优良的抗氢致开裂和抗硫化物应力腐蚀开裂性能；（5）良好的焊接性能。API SPEC 5L—2011（管线钢规范）是美国石油学会编制并发布的，在世界各地通用。

第8章 工程案例

铁素体－珠光体管线钢是20世纪60年代以前开发的管线钢，X52以及低于这种强度级别的管线钢均属于铁素体－珠光体，其基本成分是碳和锰，通常碳含量为0.10~0.20 wt.%，锰含量为1.30~1.70 wt.%，一般采用热轧或正火热处理工艺生产。当要求较高强度时，可取碳含量上限，或在锰系的基础上添加微量铌和钒。通常认为，铁素体－珠光体管线钢具有晶粒尺寸约为7 μm的多边形铁素体和体积分数约为30%的珠光体。常见的铁素体－珠光体管线钢有5LB、X42、X52、X60和X70。

为获得更高强度，后续开发了针状铁素体管线钢、贝氏体－马氏体管线钢、回火索氏体管线钢。

如图8－2所示，铁素体－珠光体管线钢的微观组织由铁素体和珠光体组成，灰黑色为珠光体组织，沿轧制方向呈带状分布，白色为多边形铁素体组织。

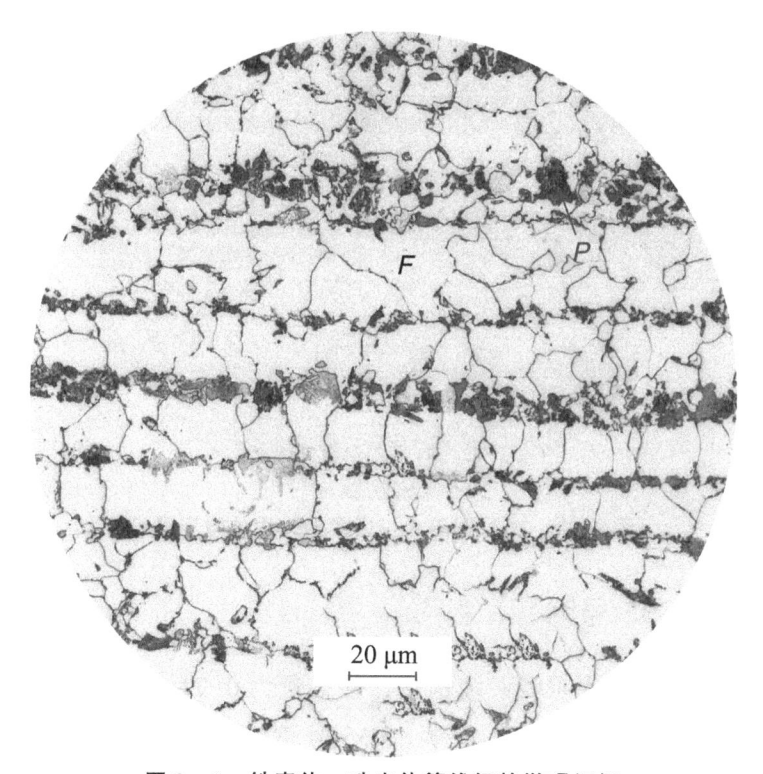

图8－2　铁素体－珠光体管线钢的微观组织

8.3 淬火-回火工艺

8.3.1 75号钢

较简单、经济的弹簧钢是碳含量为 0.6~0.9 wt.% 的碳素弹簧钢，国产常用钢号有 65 号、75 号、85 号。如图 8-3 所示，75 号钢在 830 ℃ 保温 90 min、油淬 20 min、低温回火后的组织是灰黑色的片状马氏体，以及分布在其间的白色残余奥氏体。

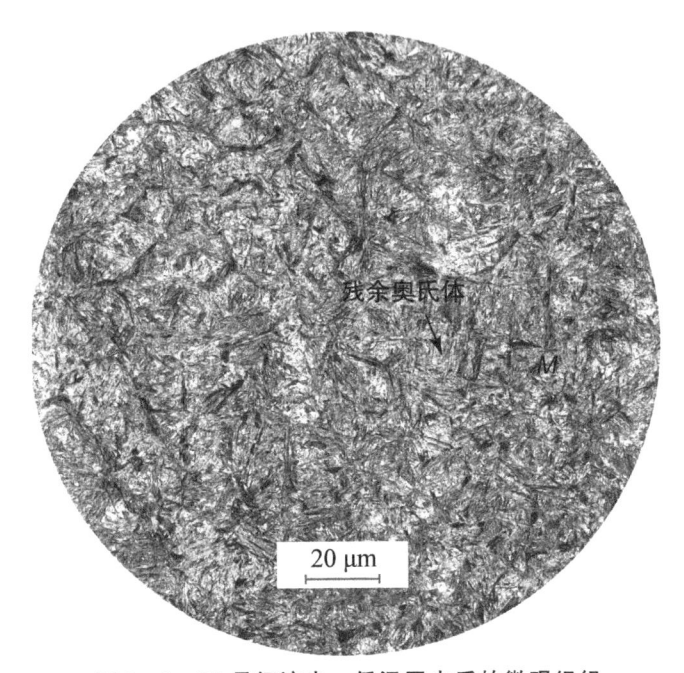

图 8-3　75 号钢淬火-低温回火后的微观组织

8.3.2 C35 号钢

C35 号钢是一种优质碳素结构钢，碳含量为 0.32~0.40 wt.%，用于制造中型机械的螺栓、螺母、杠杆等。C35 号钢淬火+中温回火后的组织如图 8-4 所示，由板条马氏体构成，即回火屈氏体。由于在中温回火，马氏体板条较为清晰，可以看见平行的板条束。

图 8 – 4　C35 号钢淬火 – 中温回火后的微观组织

8.3.3　4140 钢

4140 钢相当于我国的 42CrMo 钢，是中等淬透性钢，淬火时变形小。4140 钢用于制造要求较 35CrMo 钢强度更高和调质截面更大的锻件，如机车牵引用的大齿轮、增压器传动齿轮、后轴、受载荷极大的连杆及弹簧夹，也可用于 2 000 m 以下石油深井钻杆接头与打捞工具等。4140 钢在淬火后，一般需要在 150~300 ℃ 的温度范围内进行回火，在这个温度区间内回火得到的是回火屈氏体，如图 8 – 5 所示，它是由极细的颗粒状碳化物和铁素体所组成的机械混合物，这种组织比马氏体具有更好的韧性和强度平衡。

8.3.4　42CrMo 钢

42CrMo 钢的碳含量为 0.35~0.45 wt.%，淬火 + 高温回火后的组织由板条马氏体构成，即回火索氏体。如图 8 – 6 所示，由于在高温回火，一些片层结构合并甚至消失，但依然可以看到平行的马氏体板条。

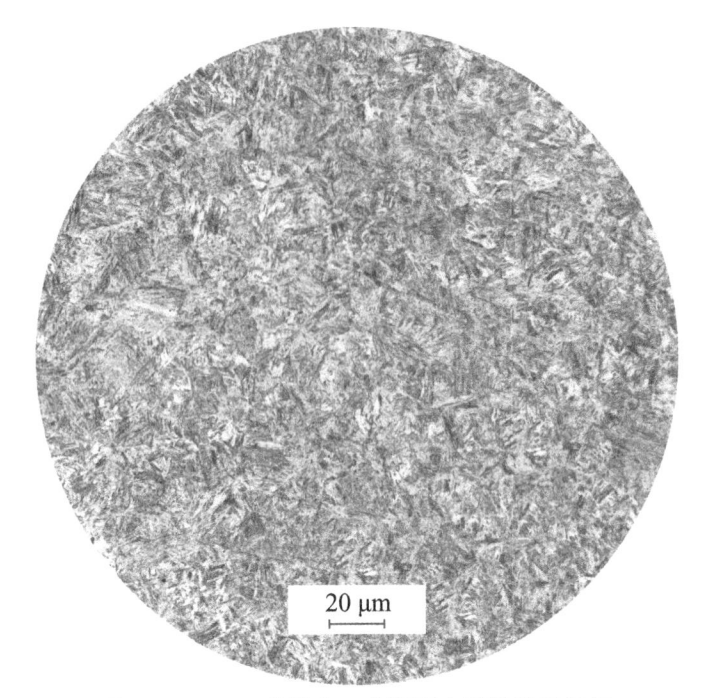

图 8-5　4140 钢淬火 – 中温回火后的微观组织

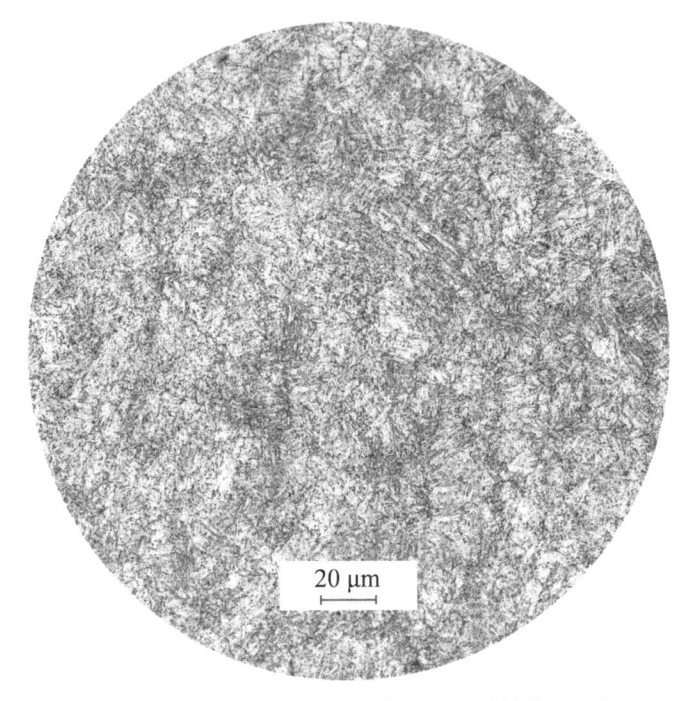

图 8-6　42CrMo 钢淬火 – 高温回火后的微观组织

8.3.5 40Cr 钢

40Cr 钢是我国的标准钢号，是机械制造业使用最广泛的钢之一。40Cr 钢的淬透性良好，水淬时可淬透到 $\phi 28\sim 60$ mm，油淬时可淬透到 $\phi 15\sim 40$ mm。除调质处理外，还适于氰化和高频淬火处理。调质处理后具有良好的综合力学性能、良好的低温冲击韧性和低的缺口敏感性，可用于制造承受中等负荷及中等速度工作的机械零件，如汽车的转向节、后半轴以及机床上的齿轮、轴、蜗杆、花键轴、顶尖套等。调质处理（850 ℃油冷、520 ℃回火）后的微观组织如图 8 – 7 所示，可见平行的马氏体板条。由于 Cr 的加入和回火温度不够高，尚未形成典型的回火索氏体组织。

图 8 – 7　40Cr 钢淬火 – 高温回火后的微观组织

8.4 工模具钢

8.4.1 GCr15 高碳铬轴承钢

高碳铬轴承钢是国内外广泛使用的专用轴承钢,常见牌号如表 8-1 所示。其性能要求是高硬度、高耐磨性、高的抗接触疲劳性能和足够的韧性等。将经球化处理后的 GCr15 高碳铬轴承钢在 $Ac_1 \sim Ac_{cm}$ 进行淬火,使过冷奥氏体转变为马氏体。然后再进行回火,获得灰黑色隐晶马氏体和灰白色结晶马氏体作为基体,如图 8-8 所示。值得注意的是,其上分布着白色球状残余碳化物。

表 8-1 高碳铬轴承钢牌号及化学成分(GB/T 18254—2002)

wt.%

牌号	C	Si	Mn	Cr	Mo	P	S	Ni	Cu
GCr4	0.95~1.05	0.15~0.30	0.15~0.30	0.30~0.50	≤0.08	≤0.025	0.020	≤0.25	≤0.20
GCr15	0.95~1.05	0.15~0.30	0.25~0.45	1.40~1.65	≤0.10	≤0.025	≤0.025	≤0.30	≤0.25
GCr15SiMn	0.95~1.05	0.45~0.75	0.95~1.25	1.40~1.65	≤0.10	≤0.025	≤0.025	≤0.30	≤0.25
GCr15SiMo	0.95~1.05	0.65~0.85	0.20~0.40	1.40~1.70	0.30~0.40	≤0.027	≤0.020	≤0.30	≤0.25
GCr18Mo	0.95~1.05	0.20~0.40	0.25~0.40	1.65~1.95	0.15~0.25	≤0.025	≤0.020	≤0.25	≤0.25

8.4.2 SUJ2 高碳铬轴承钢

SUJ2 高碳铬轴承钢,对应中国标号 GCr15。经淬火和低温回火后,微观组织如图 8-9 所示,为白色颗粒状碳化物分布在灰色马氏体基体上,其中,白色块状为回火较轻的马氏体。

图 8-8　GCr15 高碳铬轴承钢的微观组织

图 8-9　SUJ2 高碳铬轴承钢的微观组织

8.4.3　1.2343ESR 热作模具钢

1.2343 是耐压热作模具钢的德国牌号,"ESR"表示该材料经过电渣重熔（Electro – Slag Refining）工艺处理,碳含量为 0.35~0.44 wt.%。它拥有高韧性及高塑性,高低温下的高耐磨性能和整体硬化性能都比较出色,可以通过氮化处理来进一步提高表面的硬度和耐磨损能力。

1.2343ESR 热作模具钢的热处理过程包括淬火和回火,淬火温度通常为 1 010~1 050 ℃,在淬火后一般需要在 500~650 ℃ 的温度范围内进行回火。如图 8 – 10 所示,马氏体发生了明显的回复,板条开始合并。在这个温度区间内回火得到的是回火索氏体,它是一种由回复铁素体和粒状渗碳体组成的机械混合物。

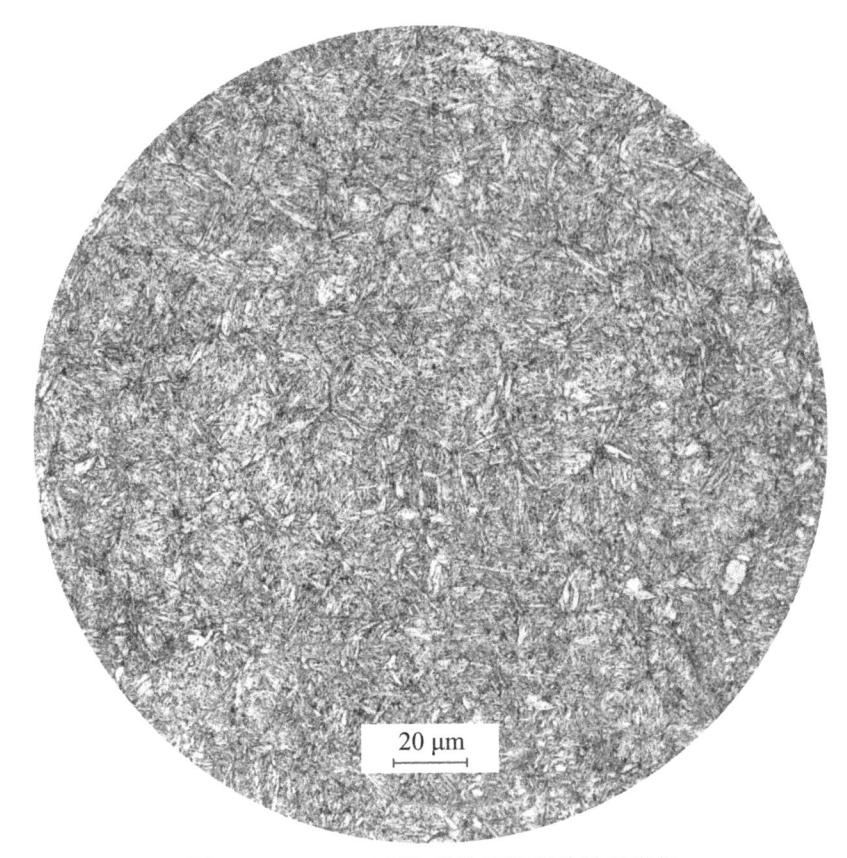

图 8 – 10　1.2343ESR 热作模具钢的微观组织

8.4.4　H13 热作模具钢

H13 是热作模具钢，执行标准 GB/T1299—2000，牌号为 4Cr5MoSiV1。用于制造冲击载荷大的锻模、热挤压模、精锻模，铝、铜及其合金压铸模。H13 属于过共晶合金钢，如图 8-11 所示，黑色带状为共晶碳化物。

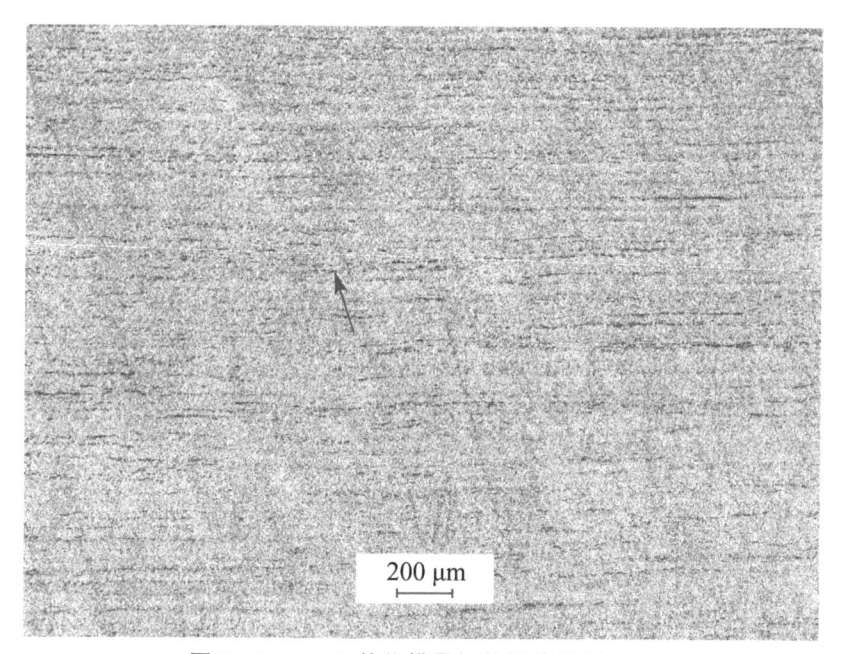

图 8-11　H13 热作模具钢的低倍微观组织

如图 8-12 所示，H13 热作模具钢的基体组织为回火马氏体，在上面分布着细小的合金碳化物，包括 MC、M_2C、$M_{23}C_6$ 等，需通过电子显微镜观察；还可见较大的共晶碳化物，如红色箭头所示。值得注意的是，在高温回火时，残余奥氏体转变为马氏体的同时，回火马氏体中析出细小碳化物颗粒产生二次硬化，工件硬度重新升高至淬火时水平，钢材残余应力减小。

8.4.5　75Cr1 冷作工具钢

75Cr1 是国外标准冷作工具钢的钢号，相当于德国 1.2003 牌号，相当于国内 T8Cr，可以用来制作小型工具，如芯棒、冲头、捣压工具、剃刀等。由于 Cr 不仅能够提高钢的耐磨性和抗腐蚀性能，而且在淬火-回火钢中，能

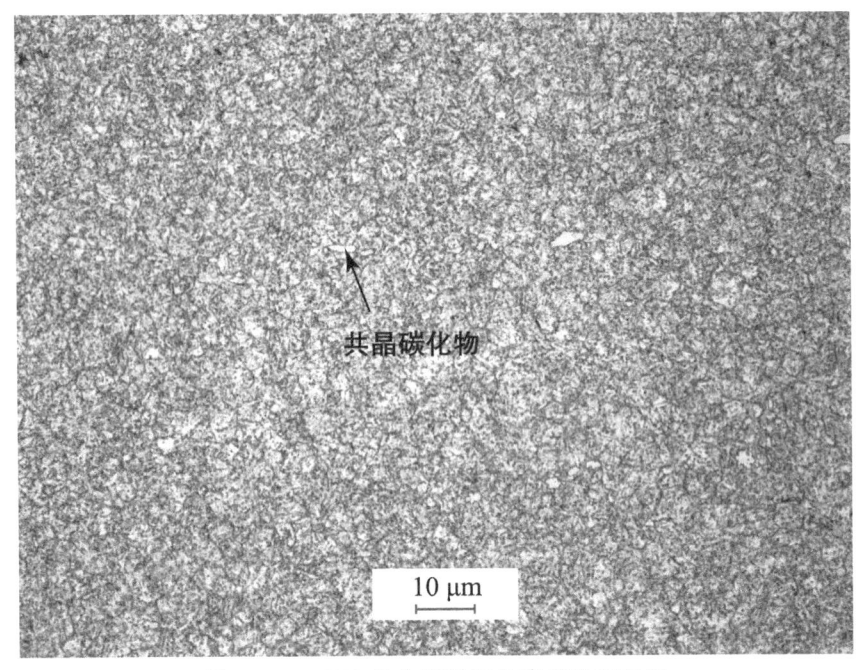

图 8-12　H13 热作模具钢的高倍微观组织

提高钢的淬透性，并具有二次硬化的效果。因此，75Cr1 相较于 75 号钢淬火后硬度更高，而且在更大截面的产品中，能够获得更好的淬透。

如图 8-13 所示，基体为回火马氏体组织，其上白色组织为残余奥氏体及白色细小球粒状碳化物（Fe_3C）。值得注意的是，通过控制淬火温度可以调控粒状碳化物的数量。

8.4.6　Cr12MoV 冷作工具钢

Cr12MoV 冷作工具钢属于高碳高铬莱氏体钢，碳化物含量高，约占 20%，且常呈带状或网状不均匀分布，偏析严重；常规热处理又很难改变碳化物偏析的状况，严重影响了钢的力学性能与模具的使用寿命。碳化物的形状、大小对钢的性能也有很大的影响，尤其大块状尖角碳化物对钢基体的割裂作用比较大，往往成为疲劳断裂的策源地；为此必须对原材料进行改锻，充分击碎共晶碳化物，使之呈细小、均匀分布。如图 8-14 所示，白色共晶碳化物呈条带状分布，且分布较为均匀。

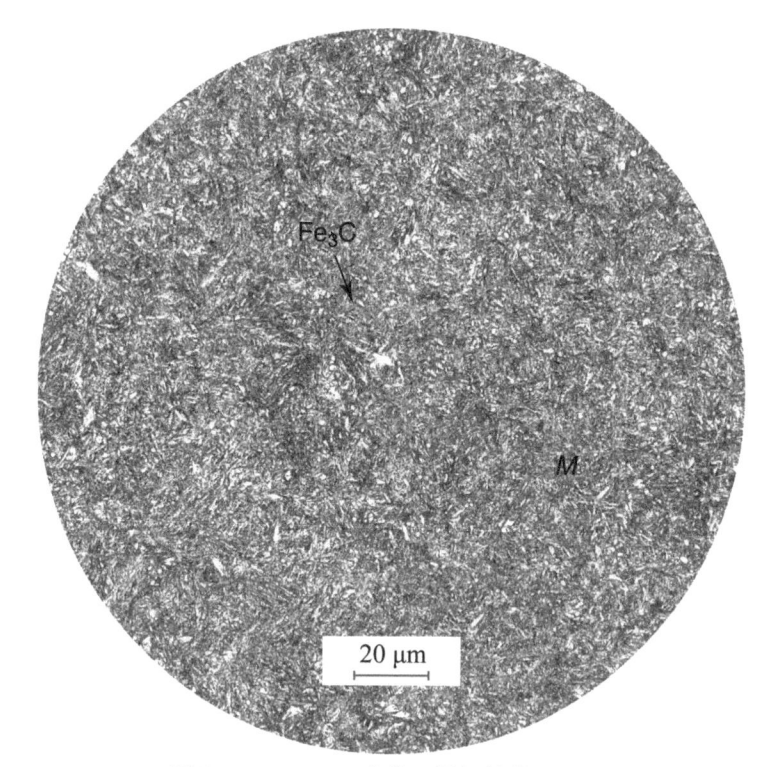

图 8-13　75Cr1 冷作工具钢的微观组织

图 8-14　Cr12MoV 冷作工具钢的低倍微观组织

Cr12MoV 冷作工具钢的淬透性、淬火回火的硬度、耐磨性、强度均比 Cr12 冷作模具钢高，适用于制造形状复杂、工作条件繁重下的各种冷冲模具和工具，如冲孔凹模、切边模、滚边模、钢板深拉伸模、圆锯、标准工具和量规、螺纹滚模等。经锻造、球化退火、淬火和回火后，微观组织如图 8-15 所示，基体组织为低温回火马氏体，上面分布着共晶碳化物破碎后得到的粗大白色碳化物，它呈带状分布，还分布着细小的白色球状碳化物。

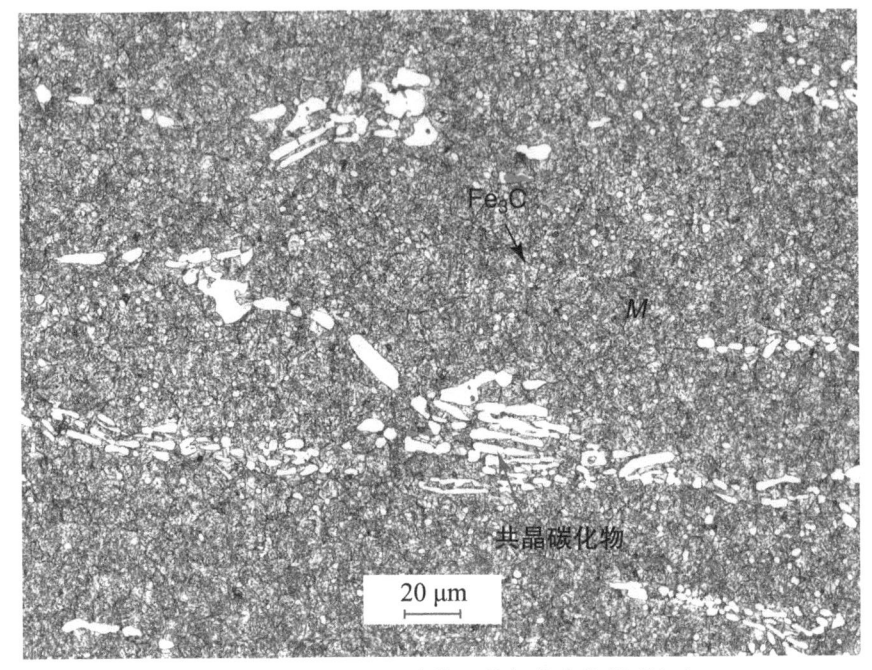

图 8-15　Cr12MoV 冷作工具钢的高倍微观组织

8.4.7　6542 高速钢

6542 高速钢（W6Mo5Cr4V2）为钨钼系通用型高速钢的代表钢号，韧性、耐磨性优于 W18Cr4V，硬度、红硬性及高温硬度相当，可用于制造各种承受冲击力较大的刀具、大型及热塑成形刀具，也可作高负荷下磨损的零件、冷作模具等。当切削温度高达 600 ℃以上时，硬度仍无明显下降，用其制造的刀具切削速度可达 60 m/min 以上。如图 8-16 所示，可见呈灰黑色带状分布的共晶碳化物。

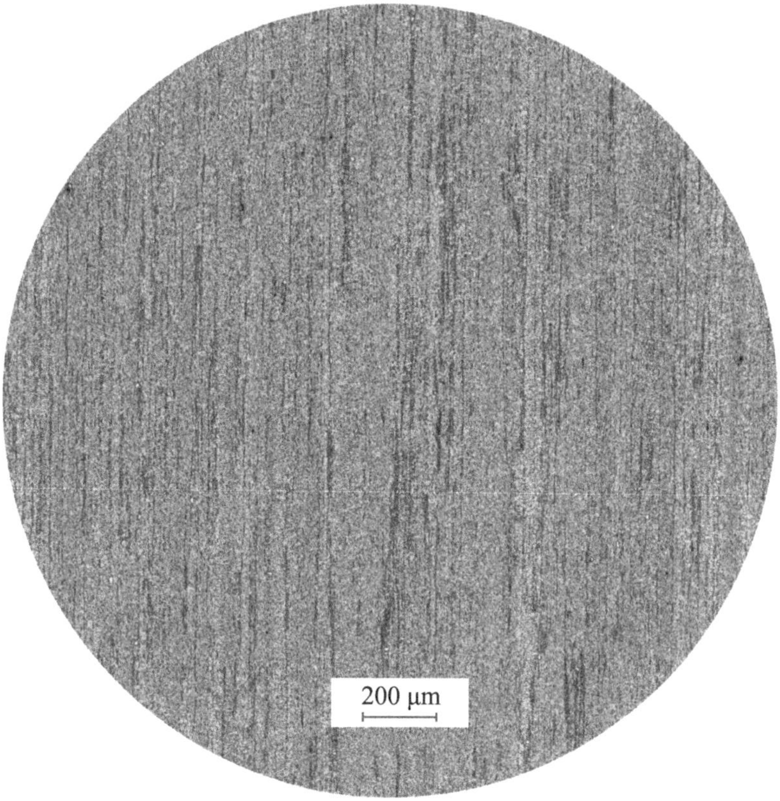

图 8 – 16　6542 高速钢的低倍微观组织

6542 高速钢的高倍微观组织如图 8 – 17 所示，白色基体为细小隐针状马氏体，腐蚀较浅；黑色网络为原奥氏体晶界；马氏体基体上呈带状分布着白色碳化物，白色大块为共晶碳化物，白色细小颗粒为球化碳化物(Fe_3C)。

8.4.8　440B 不锈钢

440B 不锈钢较 440A 不锈钢硬度高、较 440C 不锈钢韧性高，常用于刃具、量具、轴承、阀门等。440B 不锈钢是铬不锈钢的高碳等级，最终的热处理过程包括淬火和回火，如图 8 – 18 所示，可以看到灰黑色马氏体基体，呈板条状；其上分布着白色的碳化物（黑色箭头），大部分呈球状，分布较为均匀。

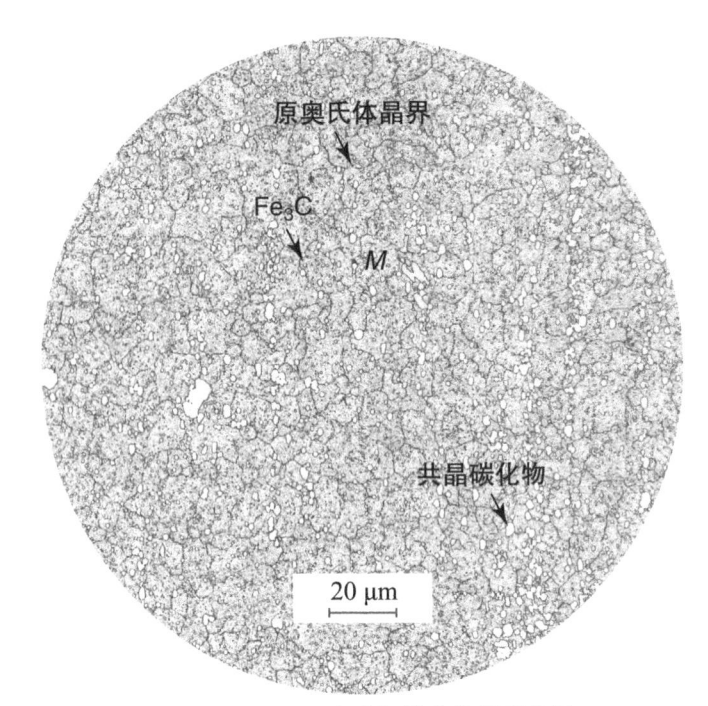

图 8-17 6542 高速钢的高倍微观组织

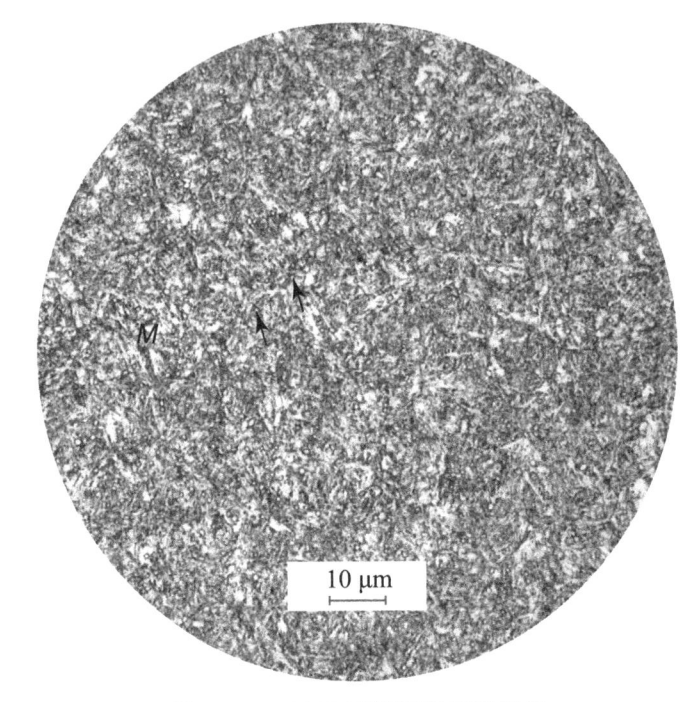

图 8-18 440B 不锈钢的微观组织

8.4.9 440C 不锈钢

440C 不锈钢是铬不锈钢的高碳等级，主要用于制造在腐蚀环境和无润滑强氧化气氛中工作的轴承零件。因为具有较好的高温尺寸稳定性，所以也可以作为耐腐蚀高温轴承钢使用。另外，还可以用来制造高质量的刀具，如医用手术刀、剪刀、喷嘴、轴承等。值得注意的是，440C 不锈钢承受动载荷的能力较低。

440C 不锈钢最终的热处理过程包括淬火和回火，如图 8 - 19 所示，在浅腐蚀后，可以看到网状分布的黑色原奥氏体晶界，在内部是未腐蚀的灰白色马氏体基体；其上分布着白色的碳化物（黑色箭头），大部分呈球状。

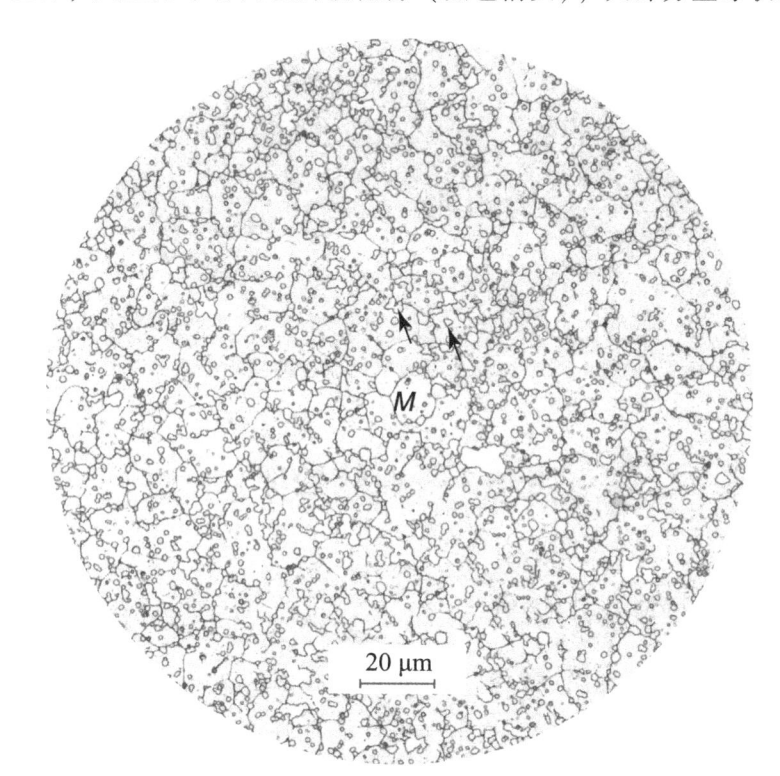

图 8 - 19 440C 不锈钢的浅腐蚀微观组织

在深腐蚀后，如图 8 - 20 所示，可以看到灰黑色的马氏体基体，呈板条状；其上分布着白色的碳化物，大部分呈球状（黑色箭头），小部分聚集为块状碳化物（白色箭头）。

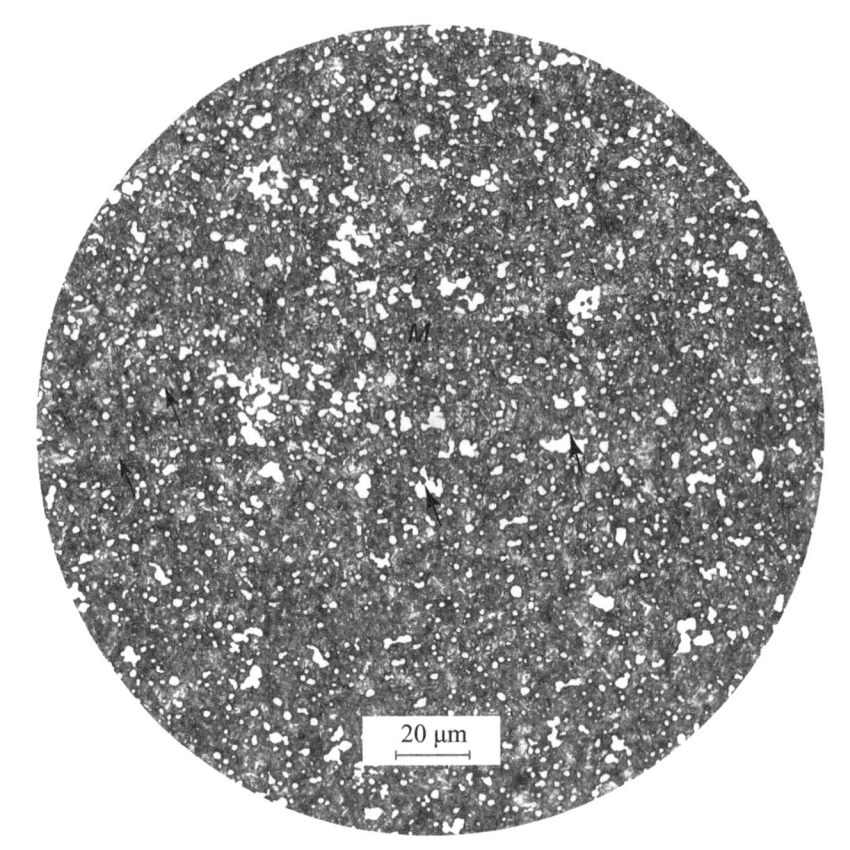

图 8－20　440C 不锈钢的深腐蚀微观组织

8.5　表面热处理

8.5.1　20MnCr5 渗碳

20MnCr5 为从德国引进的钢号，相当于我国的 20CrMn。它淬透性较好，热处理变形小，低温韧性好，切削加工性能良好，但焊接性较差。可作渗碳件和截面较大、负荷较高的调质件，如齿轮、轴类、蜗杆、套筒、摩擦轮等。一般加工过程为下料→锻造→机加工→渗碳→淬火＋回火→磨削。如图 8－21 所示，表层由于渗碳处理使得碳含量升高，淬火后形成细小的板条马氏体组织。从表层向芯部，碳含量逐渐递减；相应地，微观组织由细变粗。

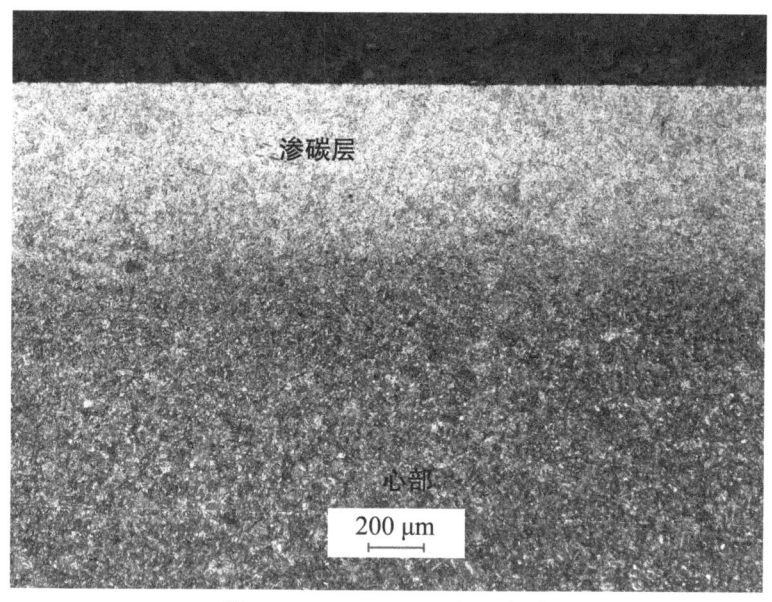

图 8 – 21　20MnCr5 表面渗碳

如图 8 – 22 所示，表层由于渗碳处理使得碳含量升高，淬火后形成细小的板条马氏体组织；值得注意的是，由于抛光的问题出现了小黑点。从表层向心部，碳含量逐渐递减；相应地，微观组织由细变粗。

图 8 – 22　20MnCr5 表面渗碳的表层组织

如图 8-23 所示，心部为回火马氏体组织，可清晰地观察到马氏体领域，以及其内部的马氏体板条。回火后一些板条开始合并甚至消失，形成白色铁素体组织。

图 8-23　20MnCr5 表面渗碳的心部组织

当表层渗碳程度增加时，由于表层碳含量升高，形成灰黑色片状马氏体，其间分布着少量灰白色残余奥氏体，如图 8-24 所示。

8.5.2　20CrMoTiH 渗碳

20CrMoTiH 是性能良好的渗碳钢，淬透性较高，经渗碳淬火后具有硬而耐磨的表面与坚韧的心部，如图 8-25 所示，具有较高的低温冲击韧性，焊接性中等。可用于制造截面 <30 mm 的承受高速、中等或重载荷、冲击及摩擦的重要零件，如齿轮、齿圈、齿轮轴十字头等。后缀字母"H"是保证淬透性用钢的标志，Ti 元素在渗碳时抑制晶粒的长大，Cr、Mo 元素增加钢的淬透性，弥补了 Ti 元素减小淬透性的缺点。

第 8 章 工程案例

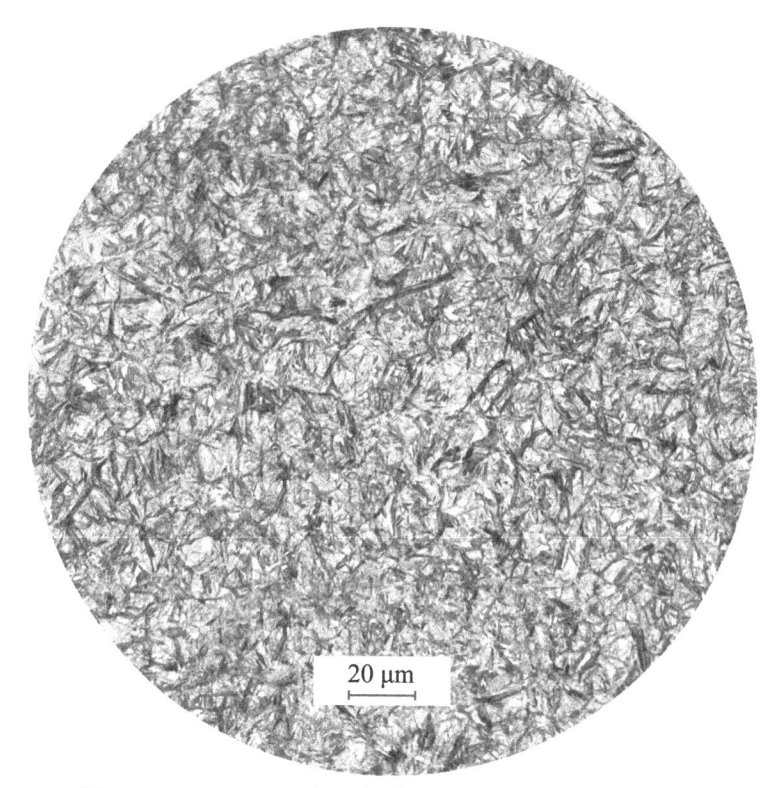

图 8-24 20MnCr5 表面渗碳的表层组织，渗碳时间延长

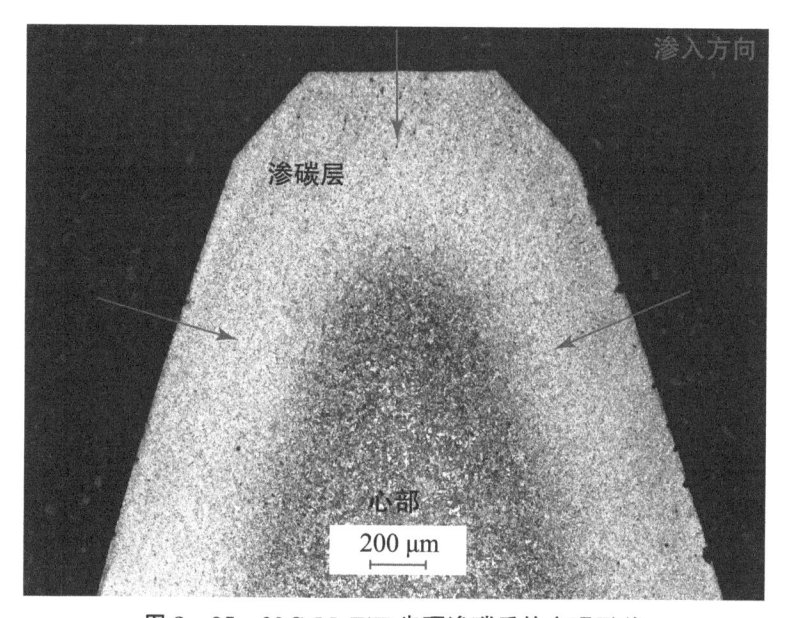

图 8-25 20CrMoTiH 齿顶渗碳后的宏观形貌

如图 8-26 所示，表层渗碳后，奥氏体的碳含量增加，导致淬火到室温所形成的板条马氏体组织更加细小。

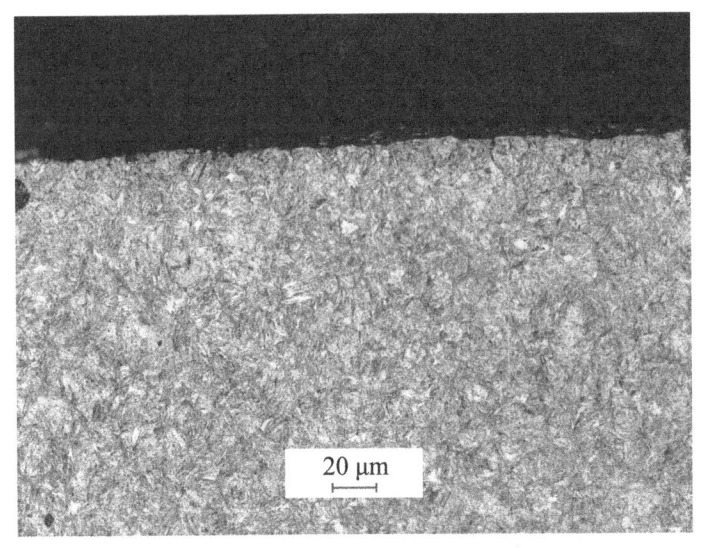

图 8-26　20CrMoTiH 齿顶渗碳后的表层组织

如图 8-27 所示，心部主要为低碳板条马氏体，由于 Ti 元素的加入抑制了奥氏体晶粒的长大，所以马氏体板条不是很粗大。白色块状，可能为淬火过程中析出的铁素体组织。

图 8-27　20CrMoTiH 齿顶渗碳后的心部组织

8.5.3 SCM420 渗碳

SCM420 是日本牌号，国内类似牌号为 20CrMo4，一般在调质或渗碳淬火状态下使用，用于制造各种紧固件、较高级的渗碳零件，如齿轮、轴等。渗碳轴承钢主要用于制造承受冲击负荷较大的轴承，如铁路机车、矿山机械、冶金机械等用的轴承。该类轴承除表面具有高硬度、高耐磨性、高的疲劳强度之外，其内部还具有高的韧性。小型的渗碳轴承的渗碳层深度为 0.4 mm 以下，大型的渗碳轴承的渗碳层深度可达 2.0 mm 以上。

如图 8-28 所示，心部由于碳含量较低，淬火到室温得到了板条马氏体。在高温回火过程中，马氏体内部位错等缺陷回复，腐蚀后呈灰白色板条状。

图 8-28 SCM420 渗碳后的心部组织

如图 8-29 所示，表层碳含量升高，形成针状马氏体，组织较为细小，其间分布着白色的残余奥氏体。

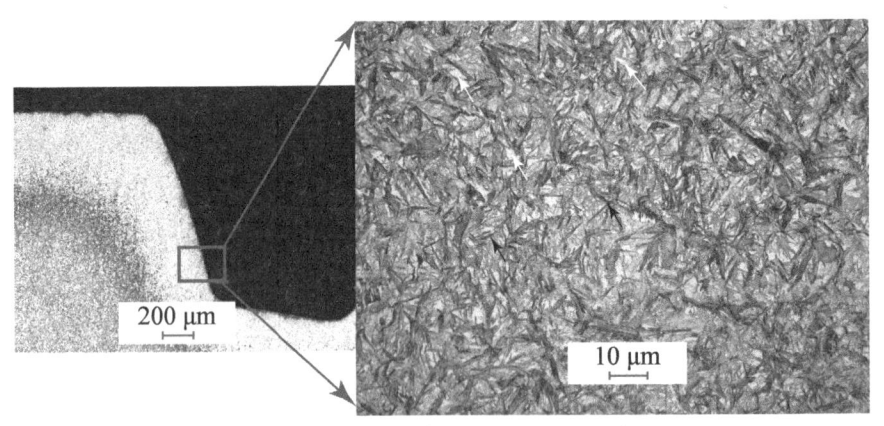

图 8 – 29　SCM420 渗碳后的宏观形貌和表层组织

8.5.4　Q235 渗碳

渗碳是将钢件放置于渗碳介质中加热至奥氏体状态，使碳渗入钢件表面的典型的常用化学热处理方法。经渗碳淬火后，钢件表面具有高碳钢淬火后的硬度和耐磨性，心部则具有低碳马氏体或临界区淬火的强韧性，有利于提高零件的承载能力和使用寿命。如图 8 – 30 所示，由于 Q235 表面渗碳，使得靠近表层的微观组织以针状马氏体为主。

图 8 – 30　Q235 渗碳后的表层组织

如图 8-31 所示，由于基体碳含量低，心部组织以回火板条马氏体为主；但由于淬透性不足，导致在冷却过程中白色的铁素体沿着原奥氏体晶界析出。

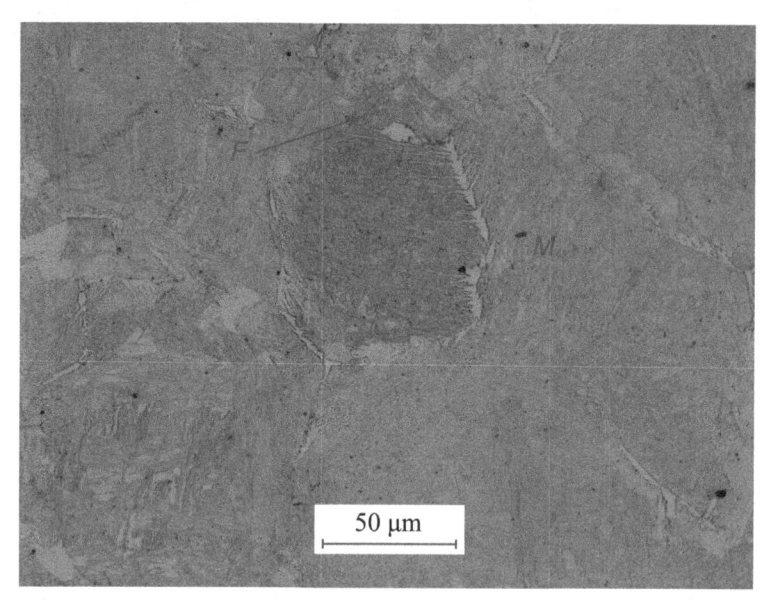

图 8-31 Q235 渗碳后的心部组织

8.5.5 16Mn 钢碳氮共渗

16Mn 钢属于碳锰钢，碳含量在 0.16 wt.% 左右，加入主要合金元素锰、硅、钒、铌和钛等。16Mn 钢的合金含量较少，焊接性良好，焊前一般不必预热。但因为 16Mn 钢的淬硬倾向比低碳钢稍大，所以在低温下（如冬季露天作业）或在大刚性、大厚度结构上焊接时，为防止出现冷裂纹，需采取预热措施。16Mn 是旧的符号，现归类于低合金高强度结构钢。当前称为 Q345 号钢，广泛用于采矿、运输、化学工业和其他机械。

如图 8-32 所示，表层致密的微观组织为渗层，厚度约为 425 μm。如图 8-33所示，由于表层碳氮共渗使得碳氮含量增加，导致表层组织由针状马氏体和白色的残余奥氏体组成。如图 8-34 所示，由于碳含量较低（0.14~0.19 wt.%），微观组织由灰色板条马氏体构成，高温回火后，一些板条开始合并。

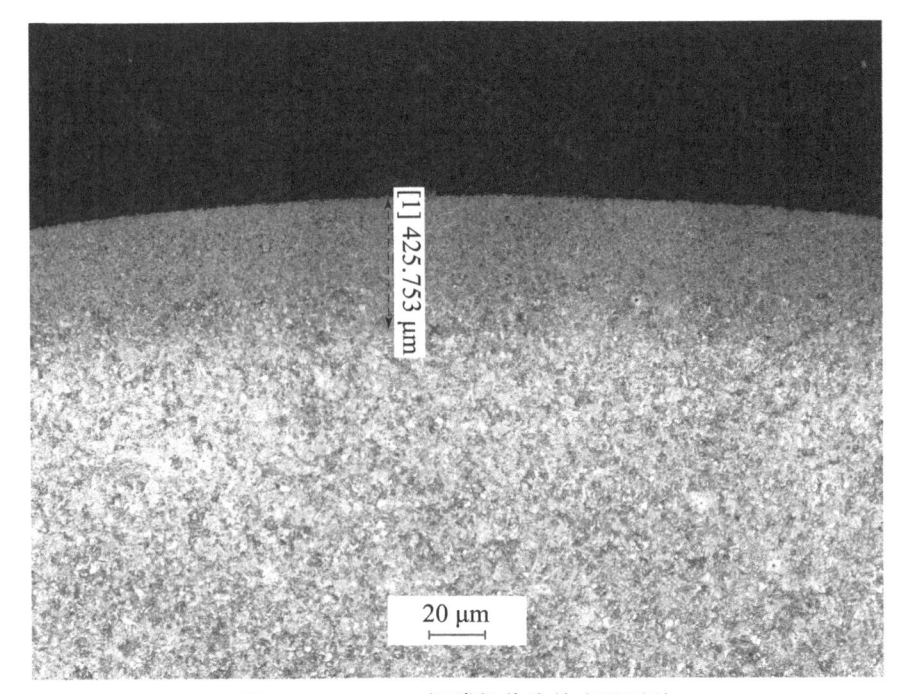

图 8 – 32　16Mn 钢碳氮共渗的宏观形貌

图 8 – 33　16Mn 钢碳氮共渗的表层组织

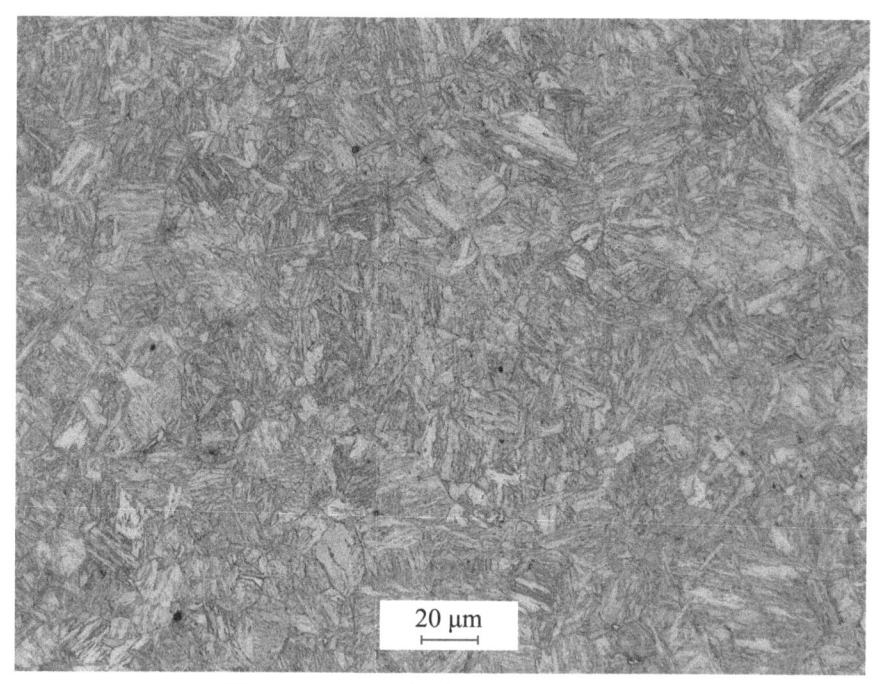

图 8-34　16Mn 钢碳氮共渗的心部组织

8.5.6　35 号钢碳氮共渗

35 号钢是优质碳素结构钢（GB/T 699—2015），具有良好的塑性和适当的强度，工艺性能较好，焊接性能尚可，大多在正火状态和调质状态下使用。35 号钢广泛用于制造各种锻件和热压件、冷拉和顶锻钢材，无缝钢管、机械制造中的零件，如曲轴、转轴、轴销、杠杆、连杆、横梁、套筒、轮圈、垫圈，以及螺钉、螺母、摩托车架等。

如图 8-35 所示，由于表层渗入碳和氮，淬火到室温形成灰黑色的片状马氏体（渗层深度约 200 μm），其间分布着白色的残余奥氏体。

如图 8-36 所示，心部由于碳含量低，微观组织由灰黑色板条马氏体构成。又由于淬透性不足，沿着原奥氏体晶界析出白色网状铁素体和白色针状魏氏体铁素体。

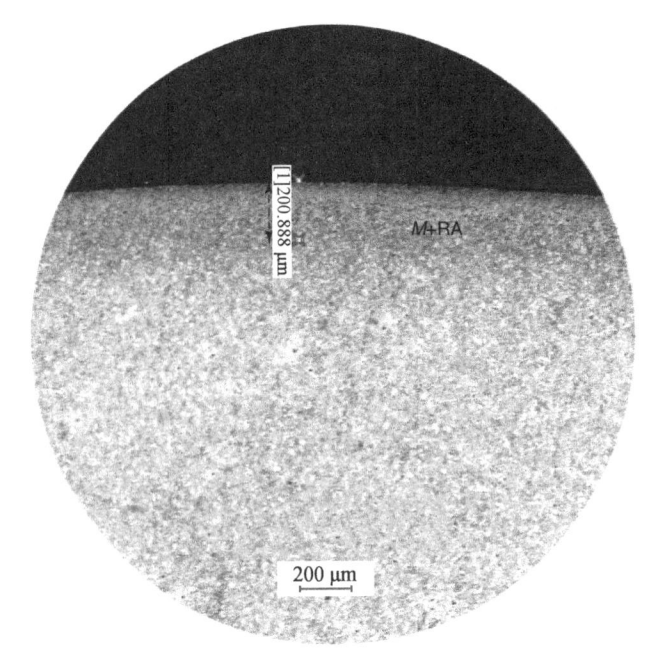

图 8-35　35 号钢碳氮共渗后的宏观形貌

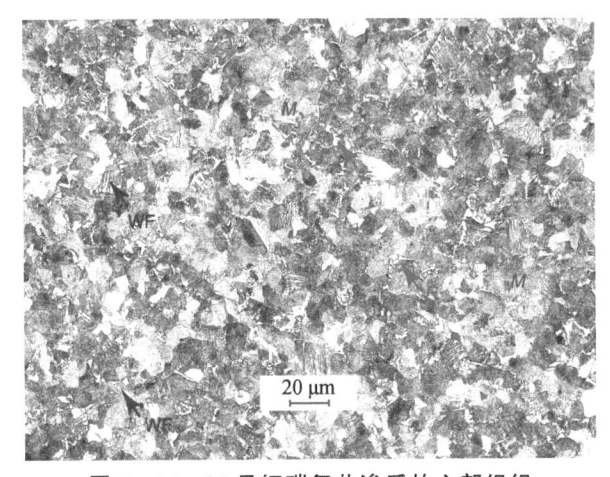

图 8-36　35 号钢碳氮共渗后的心部组织

8.5.7　SPCC 碳氮共渗

如图 8-37 所示，由于表面碳氮共渗，使得靠近表层的微观组织以灰黑色的针状马氏体为主。基体碳含量低，大约在 0.10 wt.% 以下，心部形成了白色的多边形铁素体。在表层和心部组织的交汇处，微观组织是白色铁素体和灰黑色马氏体的混合组织。

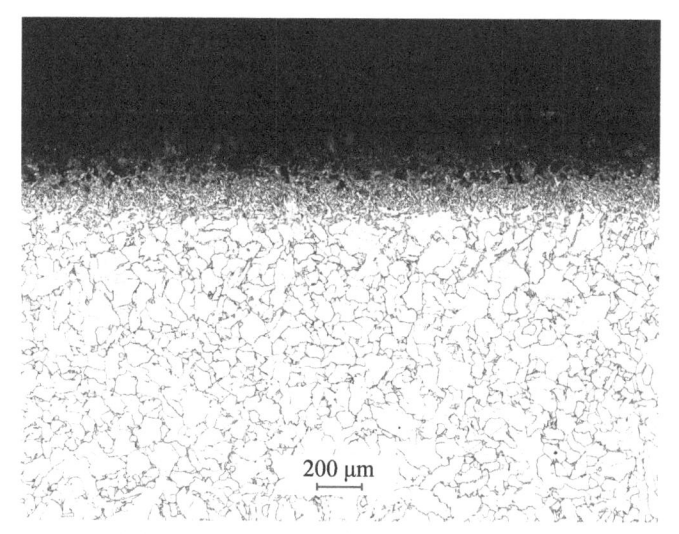

图 8 – 37　SPCC 钢碳氮共渗的微观组织

8.5.8　SWCH25K 碳氮共渗

如图 8 – 38 所示，由于表面碳氮共渗，使得靠近表层的微观组织以针状马氏体为主。

图 8 – 38　SWCH25K 碳氮共渗的表层微观组织

如图 8-39 所示，心部碳含量虽较高（约 0.6 wt.%），但以回火板条马氏体为主。

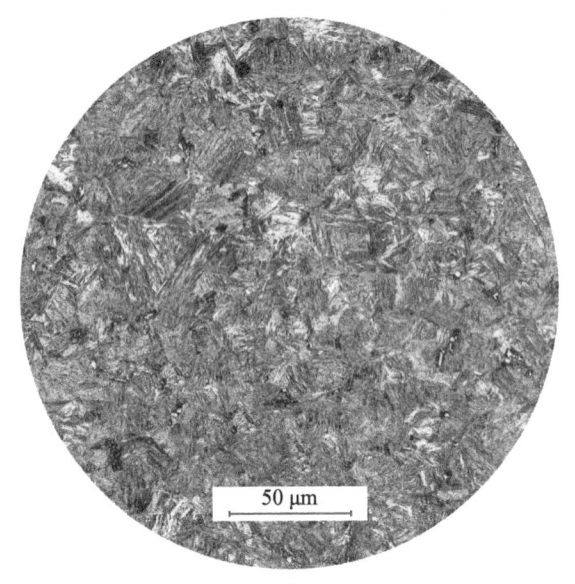

图 8-39 SWCH25K 碳氮共渗的心部微观组织

8.5.9 42CrMo 渗氮

42CrMo 的化学成分包括 C、Si、Mn、S、P、Cr 和 Mo，碳含量为 0.38~0.45 wt.%。42CrMo 属于超高强度钢，具有高强度和韧性，淬透性也较好，无明显的回火脆性，调质处理后有较高的疲劳极限和抗多次冲击能力，低温冲击韧性良好，适用于长期受到交变应力的工作条件。42CrMo 钢适合制造要求一定强度和韧性的大、中型塑料模具，在石油行业中也扮演着重要的角色，特别适合制造石油深井钻杆接头和打捞工具。

渗入钢中的氮一方面由表及里与铁形成不同含氮量的氮化铁，另一方面与钢中的合金元素结合形成各种合金氮化物，特别是氮化铝、氮化铬。这些氮化物具有很高的硬度、热稳定性和很高的弥散度，因而可使渗氮后的钢件得到高的表面硬度、耐磨性、疲劳强度、抗咬合性、抗大气和过热蒸汽腐蚀、抗回火软化能力，并降低缺口敏感性。

为了在表面得到高硬度和高耐磨性，同时获得强而韧的心部组织，必须向钢中加入一方面能与氮形成稳定氮化物,另一方面还能强化心部的合金元素,如 Al、Ti、V、W、Mo、Cr 等,均能和氮形成稳定的化合物;其中 Cr、W、Mo、V 还可以改善钢的组织,提高钢的强度和韧性。

如图 8 – 40 所示,42CrMo 渗氮后改变表层的化学成分和组织,在表层反应得到白色的氮化物,俗称白亮层,硬度可达 850 ~ 1 200 HV。如图 8 – 41 所示,心部为回火索氏体组织。

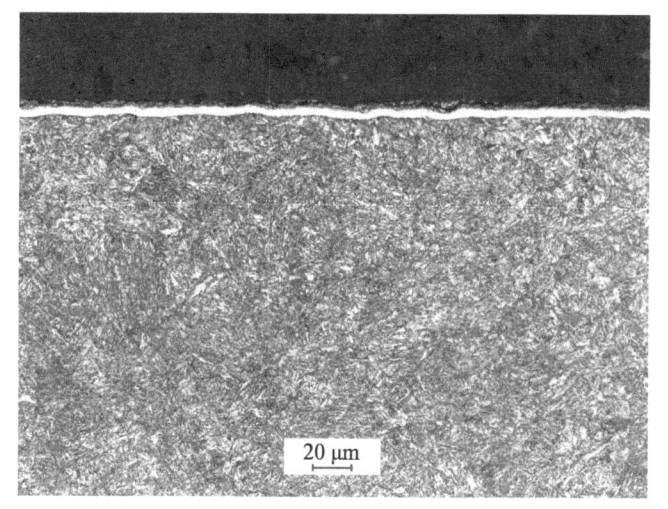

图 8 – 40 42CrMo 渗氮后在表层形成白亮层

图 8 – 41 42CrMo 渗氮后的心部微观组织

8.5.10 16MnCr5 氮碳共渗

16MnCr5 是从德国引进的钢种，相当于我国的 16CrMn 钢（GB/T 5216—2004），有较好的淬透性和切削性；对于较大截面零件，热处理后能得到较高表面硬度和耐磨性，低温冲击韧度也较高。16MnCr5 齿轮钢经渗碳/氮淬火后使用，主要用于制造齿轮、蜗杆、密封轴套等零部件。

钢在渗氮前一般要进行调质处理，其目的是调质钢的综合力学性能，使钢件具备良好的强韧性，并为渗氮提供良好的基体组织，以保证渗氮层最佳质量。为保证渗氮时心部组织的稳定性，通常预处理的回火温度比渗氮温度高 50℃ 左右。

16MnCr5 氮碳共渗后，在表面形成 ε 相 [$Fe_3(N, C)$] 等组成的白亮层，厚约为 7.6 μm，以提高钢的耐磨性，特别是提高抗黏着磨损及咬合性，如图 8-42 所示心部为回火索氏体组织。

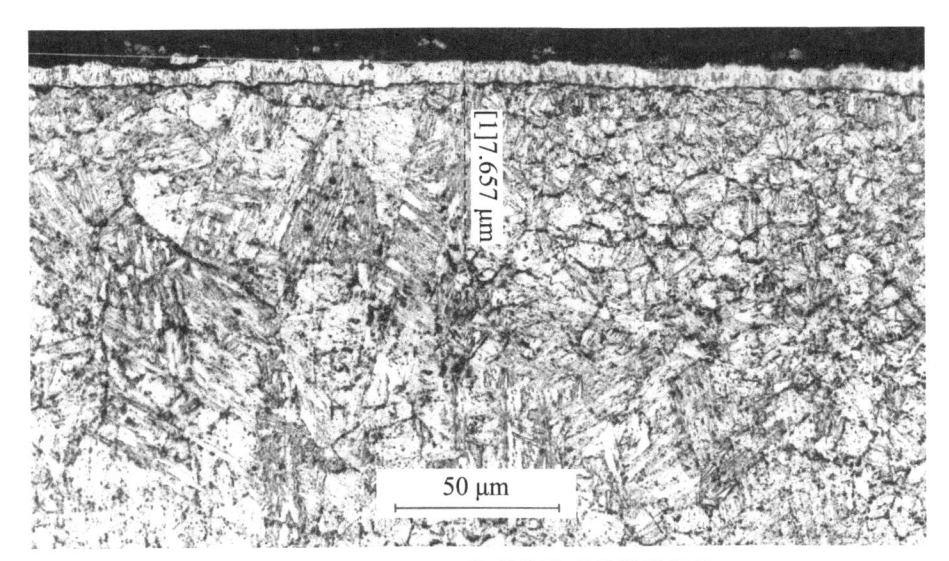

图 8-42 16MnCr5 氮碳共渗后的微观组织

第 9 章

金属材料组织

9.1 其他钢铁材料

9.1.1 17-4PH 沉淀硬化不锈钢

17-4PH 是添加铜的马氏体沉淀硬化不锈钢,相当于中国牌号 0Cr17Ni4Cu4Nb。它具有优异的耐腐蚀性和强度,可以在各种恶劣环境下使用;还具有良好的高温性能和低温性能,可以在高温和低温环境下保持其机械性能。这使得它在一些特殊的工程应用中得到了广泛的应用,如化工、海洋工程、航空航天等领域。

17-4PH 沉淀硬化不锈钢的热处理规范一般为:在 1 020~1 060 ℃固溶后快冷,然后在 480 ℃、550 ℃、580 ℃或 620 ℃等温度进行时效。如图 9-1 所示,以马氏体板条为基体,固溶时效后,可见板条间边界变得模糊甚至消失,相邻板条开始合并;同时在马氏体基体上,分布着非常细小的沉淀相,但需要利用电子显微镜进行观察。

9.1.2 316 不锈钢

316 不锈钢属于奥氏体不锈钢,它含有铬、镍、钼等关键元素,铬形成保护膜,镍稳定组织并增强耐蚀性与韧性,钼提升对含氯化物介质的抗蚀能力。由于含有较高的镍和铬元素可以稳定奥氏体,使 316 不锈钢的微观组织为灰白色奥氏体，以及分布在奥氏体晶内的平直退火孪晶，如图 9-2 所示。

图 9-1　17-4PH 沉淀硬化不锈钢固溶时效后的微观组织

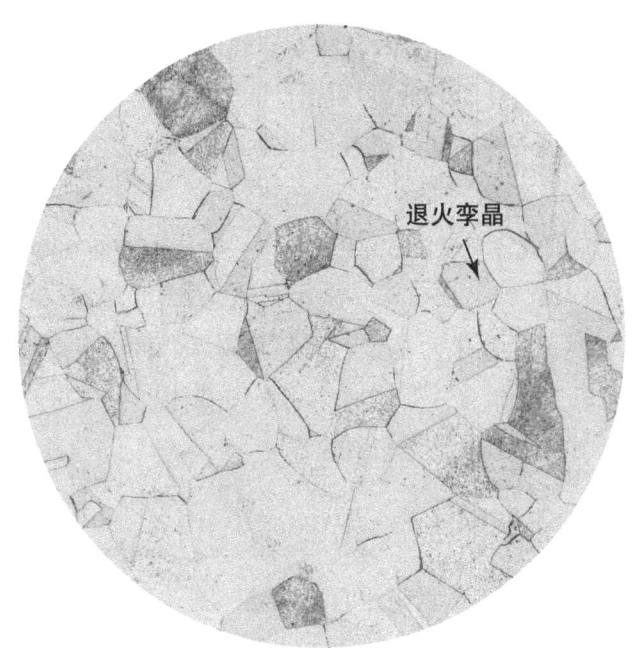

图 9-2　316 不锈钢的微观组织

9.1.3 铸铁焊接

如图 9-3 所示，由于铸铁焊接后快速冷却，形成了片状马氏体（白色箭头），其间分布着未转变的灰白色残余奥氏体（黑色箭头）。依然可以看到黑色球状石墨，由于在其附近碳含量较低，形成了板条马氏体和贝氏体。

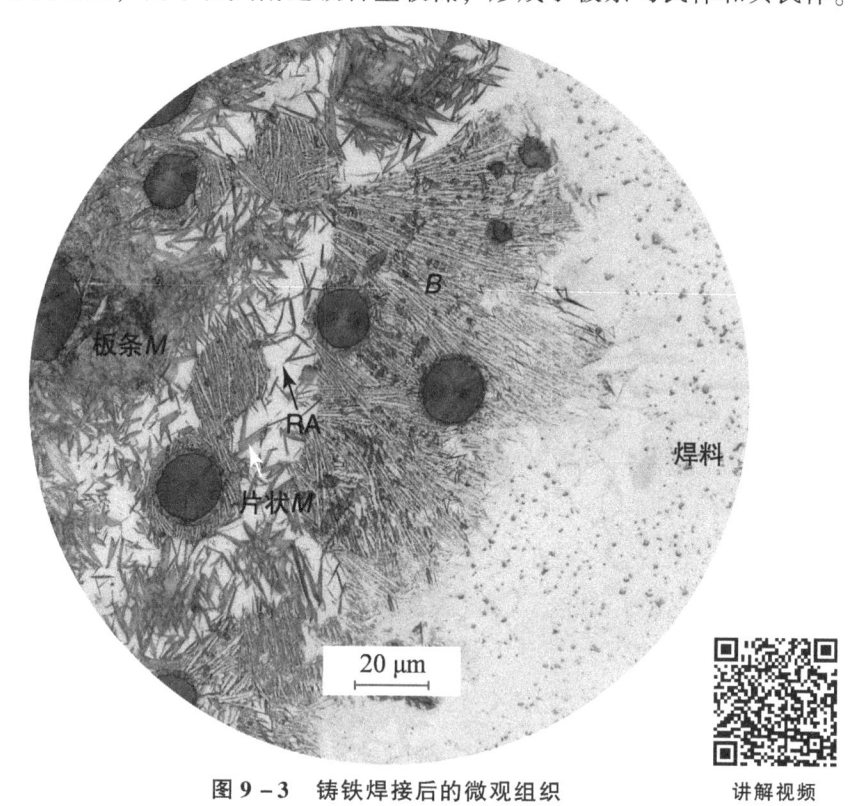

图 9-3 铸铁焊接后的微观组织

9.2 铝硅合金

铸造铝硅合金，未进行变质处理，其微观组织如图 9-4 所示，可见粗大条状共晶硅及块状初晶硅。

铸造铝合金，进行变质处理后，如图 9-5 所示，共晶硅呈不规则颗粒状分布在枝晶间。

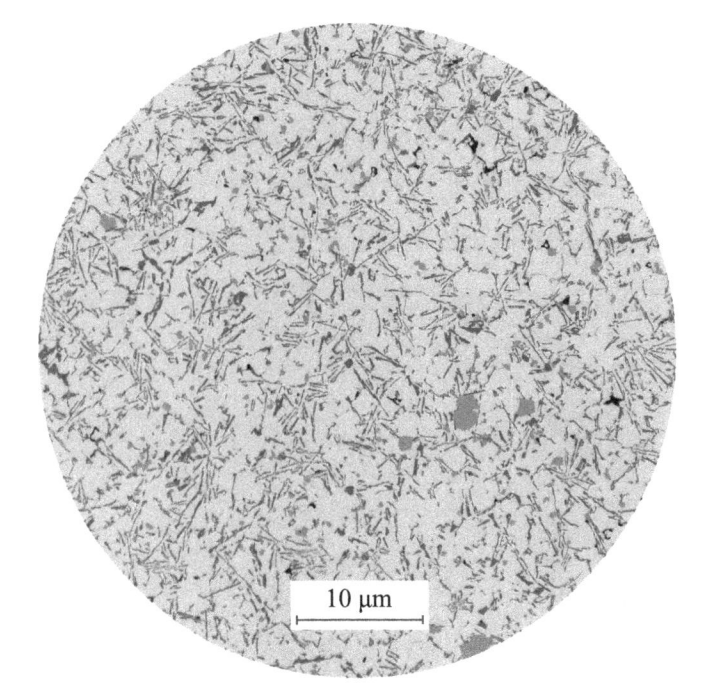

图 9-4 铸造铝硅合金的微观组织

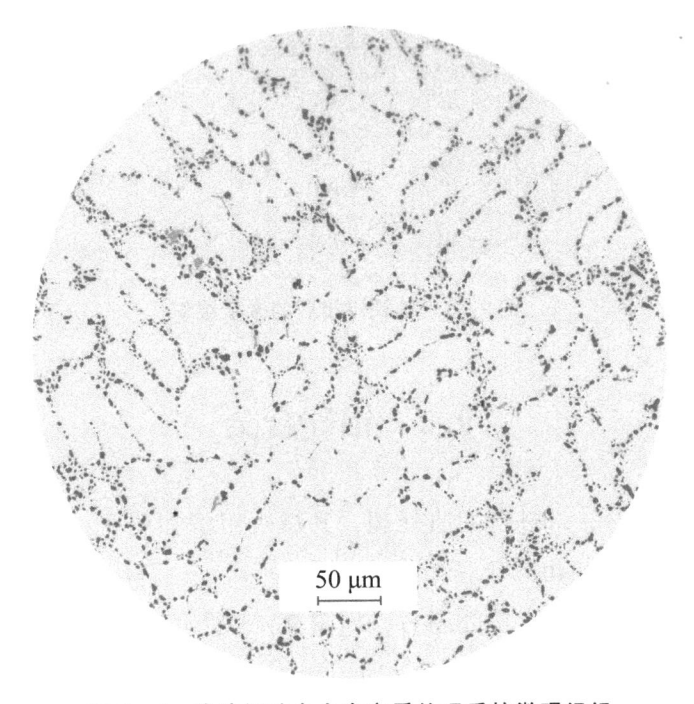

图 9-5 铸造铝硅合金在变质处理后的微观组织

9.3 钛合金

钛合金是一种以钛为基础加入其他元素组成的合金材料，密度仅约为钢的 60%，却拥有相当高的强度。其耐腐蚀性极为出色，在多种恶劣环境如海水、酸碱介质等中都能保持良好状态。同时，钛合金还具备良好的耐热性，能在较高温度下稳定工作。此外，它的生物相容性优异，在医疗领域作为植入人体的材料被广泛应用，如人工关节、牙种植体等。凭借这些突出优点，钛合金在航空航天、军事装备、医疗器械、体育用品、汽车工业等诸多领域都发挥着极为重要的作用，是现代高端制造业不可或缺的关键材料。根据钛合金退火后的室温组织相的组成类型对其进行分类，即 α 型、β 型和 α+β 型钛合金。

α 钛合金的主要合金元素是 α 稳定元素和中性元素，如铝、锆；如果加入少量的 β 稳定化元素，则称为近 α 型钛合金。其主要特点是高温性能好，组织稳定，焊接性和热稳定性好，耐磨性高于纯钛，抗氧化能力强。α 钛合金的力学性能对显微组织不敏感，因此不能进行热处理强化，主要依靠固溶强化。当钛合金中的 β 稳定化元素含量足够高时，固溶处理后经快速冷却将 β 相保留至室温，这种合金属于 β 钛合金。按稳定状态的组织类型分类时，β 钛合金可分为稳定 β 型钛合金、亚稳 β 型钛合金和近 β 型钛合金。稳定 β 型钛合金在室温具有稳定的 β 相组织，退火后为全 β 相，具有良好的耐腐蚀性、热强性、热稳定性。退火组织为 α+β 相的合金为 α+β 型钛合金，这种钛合金具有较好的综合力学性能，强度高、可进行热处理强化、热加工性好，在中等温度下耐热性也较好，但组织不够稳定。

钛合金的性能主要取决于 α 相和 β 相的组成、形态、分布，以及位错、织构等结构特征，不同组织形态的钛合金性能有着很大差异，且钛合金的组织类型变化较大。研究表明，钛合金的显微组织一般有四种，即等轴组织、双态组织、网篮组织、魏氏组织。

9.3.1 等轴组织

等轴组织是钛合金在 α+β 两相区进行热处理或变形时，α 相和 β 相发生再结晶后获得的，初生 α 相含量高于 50%，这种组织具有较高的塑性和疲劳强度。如图 9-6 所示，白色初生 α 相组织较多，并有一定量的灰色 β 相转化。等轴组织具有良好的综合拉伸性能，冲击韧性和疲劳极限极高，但具有较低的断裂韧性及强度。

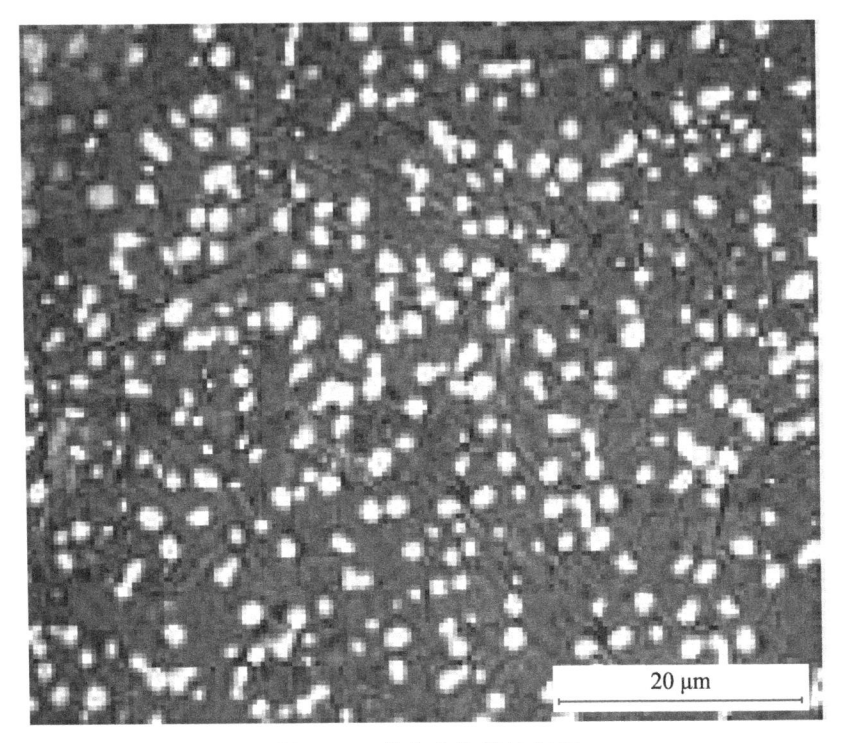

图 9-6 钛合金的等轴组织

（图片来源：航空用钛合金显微组织控制和力学性能关系 [J]. 航空材料学报，2020，40（3）：1-10）

9.3.2 双态组织

双态组织一般为钛合金经过两相区变形及热处理后获得，其组织中的 α 相有两种形态，一种是等轴状的初生 α，另一种是 β 转变组织中的片状 α。

双态组织和等轴组织的性能特征大致相同，仅随所含初生 α 数量不同而有一定差异。如图 9 - 7 所示，双态组织中含有较少的多边形白色初生 α，其余为灰色的 β 转变组织。在 β 转变组织中，存在白色的 α 相。这种组织结构具有更好的可塑性和更高的疲劳强度，但加工困难。这类合金的断裂韧性及高温性能较差。

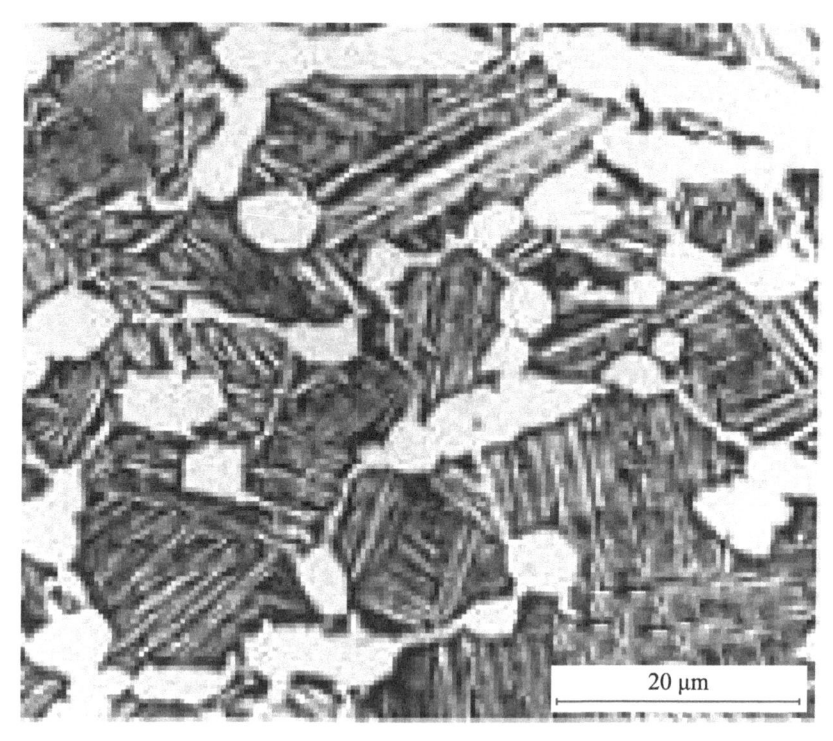

图 9 - 7 钛合金的双态组织

(图片来源：航空用钛合金显微组织控制和力学性能关系 [J]. 航空材料学报，2020，40 (3)：1 - 10)

9.3.3 网篮组织

网篮组织是合金在相变点附近变形过程中原始 β 晶粒边界被破坏形成的。如图 9 - 8 所示，α 条束尺寸较小且交错排列，形成的网状结构。网篮组织的塑性、疲劳性能优良，但断裂韧性却低于魏氏组织。由于塑性、抗蠕变性和高温强度等综合性能良好，大型锻件通常使用网篮组织状态的钛合金。

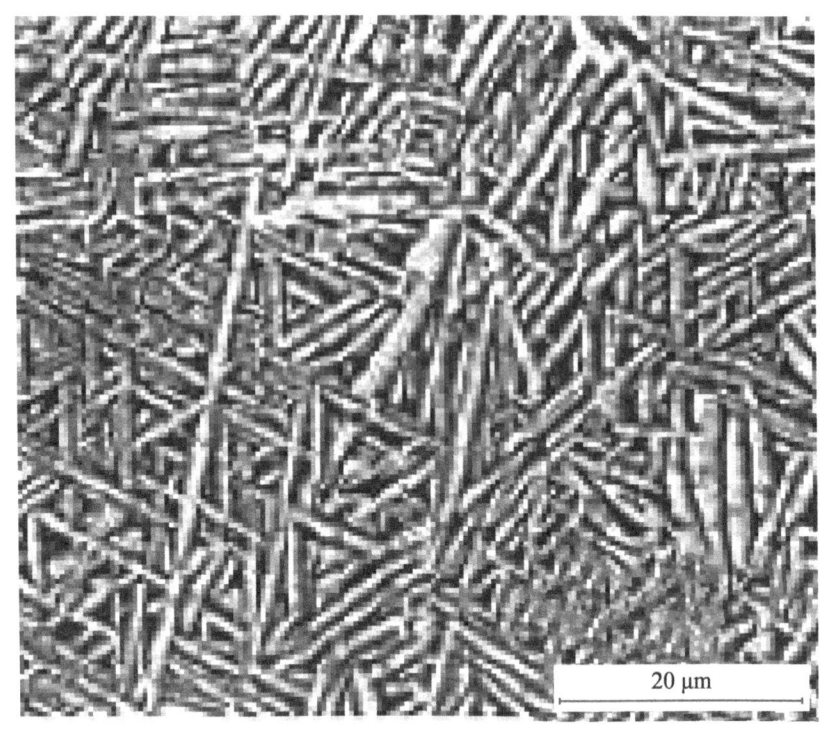

图 9-8 钛合金的网篮组织

（图片来源：航空用钛合金显微组织控制和力学性能关系 [J]. 航空材料学报. 2020, 40 (3)：1-10）

9.3.4 魏氏组织

魏氏组织主要是在 β 相区进行热加工或者在 β 相区退火过程中形成的。其主要特征为粗大的原始 β 晶界清晰可见，有大量规则排列的 α 相分布在原始 β 晶界上，β 晶粒内为片状的 α 相，如图 9-9 所示。魏氏组织的优点是断裂韧性高。这是由于存在晶界 α 以及片状组织使裂纹扩展受阻。此种组织有着较好的断裂韧性和蠕变强度，但塑性、抗疲劳性和热稳定性较差。特别是其断面收缩率相对于其他类型的组织明显较低，这是因为原始 β 晶粒粗大，且存在网络状的晶界。

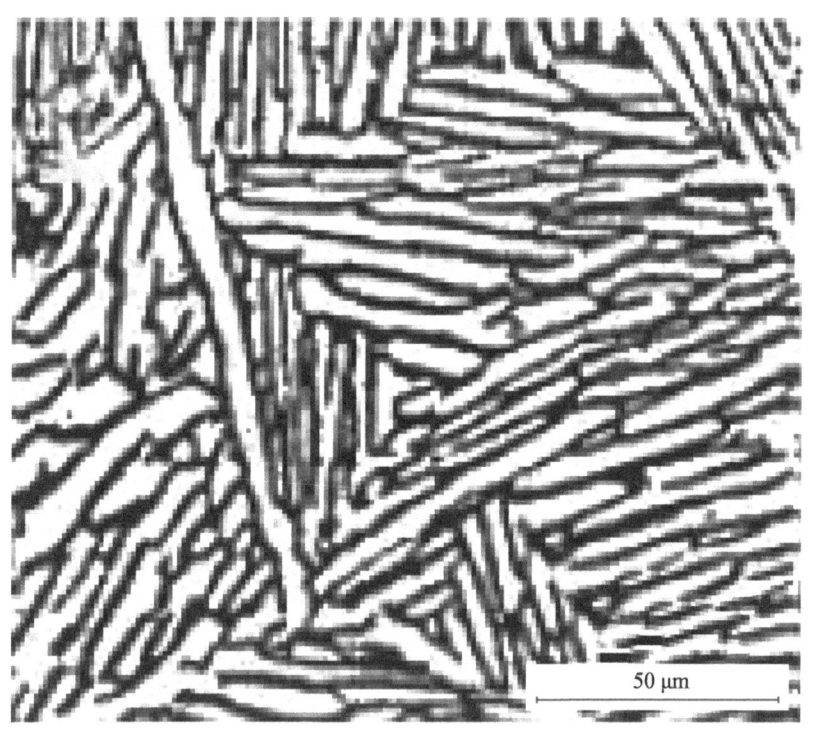

图 9 – 9 钛合金的魏氏组织

（图片来源：航空用钛合金显微组织控制和力学性能关系 [J]. 航空材料学报，2020，40（3）：1 – 10）

第 10 章
金相制备

在工业革命发生之后,社会生产力迎来了全方位的解放,钢铁工业持续推进与发展。钢铁零件所呈现出的变形、失效等各类问题变得越发显著,为了揭示这些失效情况产生的具体原因,金相检验便成为失效分析中的一种有效途径,促进了金相检验理论和金相检测技术的发展。

金相研究最初是从断口表征开始的,人们凭借对断口粗细状况的观测,察觉到了晶粒的存在,进一步推动着人们去探索晶粒内部的情况。早在19世纪初期,便已经有相关人员开展这方面的工作。彼时的研究方法是金相磨片制备技术,其所需的研究设备,如放大镜、显微镜、照相机等,都已经配备齐全了[1]。

1820年,A. B. Widman运用了一种与古老的拓碑技术较为相似的手段,将陨铁表面的图像成功拓印到了图纸之上,由此便诞生了世界上第一张金相图片,如图10-1所示。1817年,J. F. Daniell有了一项重要发现,他留意到铋在硝酸中浸泡数天之后,其表面会出现一些小型蚀坑,基于这一发现,他创立了用于研究晶粒取向的蚀坑法。自此之后,化学清洗和浸蚀法也就逐渐成为金相试样制备技术的重要组成部分。实际上,早在开展金相研究的数千年前,人们就已经熟练掌握了针对金属表面进行磨光、抛光的方法,在我国古代,这种方法被称作"厝"。

1863年,H. C. Sorby首次利用显微镜观察经抛光并腐刻的钢铁试片;1867年,H. Tresca采用氯化汞腐蚀的方式来显示金属中的流线,成功揭示了在加工形变过程中金属内部的流动状况。另外,Adolf Martens对金相试验

图 10 − 1　陨铁及其金相图

(a) 真实陨铁[2]；(b) Widman 拓印的金相图

方法做出了诸多改进，推动了金相技术在更广范围内的应用。光学显微技术受限于自然光波长，仅能对尺度为几十微米的组织予以观察；扫描电子显微镜和透射电子显微镜可达到微米级、纳米级甚至原子层级的表征，并且扫描电子显微镜还具备分析凹凸不平表面的能力；能谱仪的发明使得在几个原子范围内进行化学成分分析成为现实。与此同时，计算机技术能够针对上述的观察结果开展定量分析，使金相分析的作用得到了有力的强化。

金相分析作为研究金属材料成分、加工工艺、组织以及性能相互关系的最为基础的途径，其核心在于借助光学显微镜和电子显微镜，针对金属及其合金由于化学成分、塑性加工、焊接以及热处理等因素而引发的内部组织结构发生的变化，及其对性能所产生的影响规律展开研究。金相制备是金相分析的基础，其制备质量的优劣会直接对分析结论的可靠程度产生影响。金相制备的主要目标是把那些原本无法直接进行组织观察的材料，制作成具备特定尺寸以及良好表面质量、能够直接用于观察的试样。金相制备的具体流程包括镶嵌、磨制、抛光、腐蚀以及金相观察等环节，可参考 GB/T 13298《金属显微组织检验方法》来执行。

10.1　镶嵌

金相样品的镶嵌技术能够把形状不规则或者体积微小的试样转变为符合后续处理要求以及便于在显微镜下进行观察的标准形状，如图 10 − 2 所示。它具有以下优点：其一，能对操作者起到保护作用。对于那些薄、脆、小且形状不规则的样品，该技术可便于对其进行把持，同时盖住其锋利的边缘，以此确保手工制样过程的安全性。其二，可提供统一标准的样品尺寸。这有利于实现自动化批量制样，并且在样品的保存和管理方面也会更加便捷。其三，能够对样品予以保护。比如防止样品边缘出现倒角现象，对样品中的孔进行填充，增强易碎样品的强度，以及在切割前通过预镶嵌的方式对样品实施保护。其四，具有标识功能。可进行刻字、包埋标签等操作，以便后续的观察。

图 10 - 2　各类镶嵌样品[4]

常用的镶嵌方式包括热镶嵌、冷镶嵌、真空镶嵌和机械夹持，四种方法都各有其使用场景。对压力和热不太敏感的材料，如金属、陶瓷等，热镶嵌是比较合适的；与之相反，对热和压力较为敏感的材料，应当采用冷镶嵌法。值得注意的是，真空镶嵌尤其适用于多孔材料以及易碎材料；机械夹持法操作简便，适用于进行表层检验的试样。

10.1.1　热镶嵌

热镶嵌适用于对压力和热反应不敏感的材料，它是在一个相对较小的装置空间内完成的，在此空间内会施加加热和加压的操作。此时，镶嵌料（一般是树脂）会熔化，并与样品形成接触；接着经过冷却使其凝固结合，从而将试样镶嵌成一个有着规则形状以及固定尺寸的样品。

图 10 - 3 所示是上海中研仪器制造有限公司生产的自动镶嵌机 ZXQ - 2，适用于环氧树脂、电木粉、亚克力粉等材料的成型。为了金相制备流程的顺畅，在镶嵌时必须依据镶嵌机的具体参数、夹具的样式以及被检测材料的特点等，选择合适的镶嵌尺寸。倘若试样太小，在磨抛时会不够便捷；倘若试样太大，那么磨制面的面积也会增大，不仅使得磨制所需花费的时间较长，而且试样的表面也很难被磨平整[5]。

图 10 – 3　自动镶嵌机 ZXQ – 2（上海中研仪器制造有限公司）

如图 10 – 4 所示，热镶嵌的过程如下所述：

（1）开启设备；

（2）将载物台升高至活塞顶，根据尺寸可以选择放置样品数量；

（3）下调载物台至底端；

（4）根据样品高度加入适量热镶料，需要没过样品一定高度，避免样品顶与上端压力装置干涉，导致热镶料未被压实；

（5）在热镶料上放好垫片，旋紧上方压力装置；

（6）开启镶嵌机的工作开关，载物台下方压杆上推，与上方压力装置对样品和热镶料进行加压，同时电阻丝进行加热，树脂熔化；

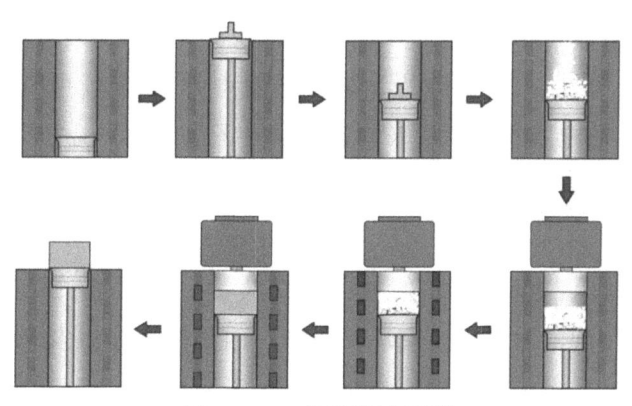

图 10 – 4　热镶嵌过程[6]

（7）关闭加热，继续加压一段时间，树脂固化；

（8）打开压力装置，上升载物台至活塞顶，取出镶嵌好的试样。

在选择热镶料时，需要综合多方面因素进行考量，包括经济性、收缩性、耐磨性、边缘结合状况以及特殊需求等。从经济性来看，若热镶料的价格过于昂贵，势必会对其大批量的使用造成不利影响。从收缩性来看，若收缩性过大，那么在后续制样过程中有可能导致样品和镶料之间出现开裂。从耐磨性来看，虽然良好的耐磨性在某些方面有一定优势，但如果耐磨性过强，反而会使得磨制效率大幅降低。从边缘结合情况来看，若边缘结合效果不佳，如图 10-5 所示，很可能会致使镶料的颗粒发生掉落，进而在样品表面引起划痕。

图 10-5 试样与样品的边界存在间隙和结合良好[6]

此处简单介绍四种常用的热镶料。PhenoPowder 酚醛树脂适用于低硬度材料，成本较为经济实惠，在收缩方面表现为中等程度，磨抛操作相对容易进行，但边缘保护的效果一般。EpoPowder F 环氧树脂适用于高硬度材料，对于具有复杂几何形状的样品来说更为适用。TransPowder 丙烯酸树脂的显著特点是具有透明性，通常被用于那些需要对试样进行可视观察的情况。GraphPowder 碳导电填料主要用来制备扫描电子显微镜的金相样品。

10.1.2 冷镶嵌

对温度以及压力极为敏感的材料，以及包含微裂纹的试样，适用冷镶嵌。冷镶嵌所用到的材料主要有环氧树脂、丙烯酸树脂以及聚酯树脂等，这些材料的固化时间较短、收缩率相对较低、黏附性强。凭借这些优势，冷镶嵌不仅能对试样边角起到良好的保护作用，而且抗磨损性能也很不错。当考虑制样效率以及成本时，冷镶嵌往往是首选方案。冷镶嵌的制样流程主要包含样品清理、注模杯选择、树脂选择和制样。

1. 样品清理

在制样之前，应用去离子水、酒精或者丙酮对样品进行清洗。如有需要，还可用超声波进行清洗。清洗能够有效保障胶水与样品之间实现良好的结合。清洗之后，还需要将样品晾干。

2. 注模杯选择

注模杯的类型多样，如 Silicon（硅橡胶）、PE（聚乙烯）、PTFE（聚四氟乙烯）和 PP（聚丙烯）等，其尺寸可根据具体要求而设计，如图 10-6 所示。一般情况下，样品到浇注边缘距离 5 mm 左右较为适宜。若尺寸太小，容易出现横向裂纹；若尺寸过大，会引起较大的收缩。另外需要注意的是，因为环氧树脂与硅胶之间会发生交互反应，所以硅胶杯并不适用于浇注环氧树脂。

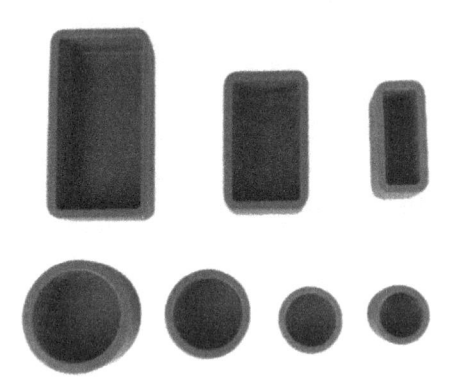

图 10-6 不同尺寸和形状的注模杯（上海中研仪器制造有限公司）

3. 树脂选择

冷镶嵌树脂主要有两种，分别是环氧树脂（Epoxy）和丙烯酸树脂（也称作亚克力，Acrylic）。环氧树脂，在行业内还有一个别称叫作 AB 胶，几乎适用于各类材料。它具备诸多优良特性，比如具有较低的黏度、收缩率也不高、对材料的附着力表现出色，而且还拥有较高的透明度等。环氧树脂是由树脂（resin）和固化剂（hardener）两部分构成的，使用前需要依据重量比例或者体积比例进行精确计量，然后将这两部分混合之后方可使用。并且，在进行浇注操作之前，建议先开展除泡处理，不仅有助于提升其透明度，还能减少孔隙的出现。需要格外留意的是,环氧树脂在固化的过程中会释放出热量,其峰值温度能够达到 150~200 ℃。相较于环氧树脂,丙烯酸树脂具有一个显著优势,就是它的固化时间比较短,在快速制样方面显得更为适用。

4. 制样

如图 10-7 所示,首先需通过试样夹、胶带或快干胶把样品固定在注模杯之上。然后,量取按照固定比例准备好的胶水,待将其进行充分混合后,实施浇注。在这个过程中,务必确保胶水比例的准确性、混合的均匀性以及固化时间的充分性。值得注意的是,固化剂异味较大,建议在通风橱等场所进行;混合物固化较快,注意稳定样品,避免出现倾倒;取出样品时注意镶嵌样品锋利边缘划伤皮肤。

(a)   (b)   (c)

图 10-7 制样过程

(a) 固定试样;(b) 浇注;(c) 固化后取出样品

10.1.3 真空镶嵌

从镶嵌料的选择角度来看,真空镶嵌属于冷镶嵌的一种;从所需条件方面来看,它在进行镶嵌操作时又要求真空。具体而言,将样品和镶嵌树脂中的空气全部除去,镶嵌所用到的镶嵌树脂就会在气压作用下在试样表面无障碍地填充,进而把试样和化合物之间的间隙给消除掉。这使得试样的边缘得到了加固,同时易碎样品在研磨以及抛光的过程中也能够得到很不错的支撑。真空镶嵌特别适合多孔材料的处理,比如电子元件、矿石、失效分析试样、多孔铸件及复合物、陶瓷等。

真空镶嵌机是一种专用于样品冷镶嵌的设备,如图 10-8 所示。以下是其具体的操作流程：

（1）把试样模具放置在真空容器中；

（2）在镶嵌化合物充分混合后，将搅拌杯放置到杯架之上；

（3）将调配好的镶嵌化合物灌注进模具里，完成浇注操作后静置 1 min，随后转至大气压环境下；

（4）反复进行上述操作循环若干次，接着打开腔体，让其能够正常完成固化过程。

图 10 - 8　真空镶嵌机[7]

若要使树脂进入试样的空隙中，在树脂倾倒进镶嵌模后，关闭真空泵并缓慢打开进气阀，使镶嵌室内的压力慢慢增大，从而使树脂在压力的作用下填充到试样的空隙中。另外，建议不要长时间运行真空泵，真空度过低时，可能会使树脂内部的空气膨胀，形成气孔。

10.2　磨制

在金相制备的整个流程中，磨制是较为关键的一个步骤，为后续的抛光做好准备，主要包括粗磨和精磨两个阶段。粗磨主要在于去除加工车痕、氧化层和镶嵌起伏等瑕疵；精磨是继续对试样进行打磨处理，目的在于消除粗磨阶段所遗留下来的较大划痕，将划痕深度和变形层厚度变小[8]。磨制用到的核心耗材是砂纸，如图 10 - 9（a）所示，它是在原纸上胶着各种研磨砂粒而制成的。根据研磨物质，可分为金刚砂纸、人造金刚砂纸、玻璃砂纸等；根据胶着颗粒尺寸，可分为 200、400、600、1 000、2 000 等一系列目数，目数越高颗粒尺寸越小。对于自动磨制所用到的磨盘，如图 10 - 9（b）

所示，原纸是强韧的金属且颗粒结合度高，更为耐用。

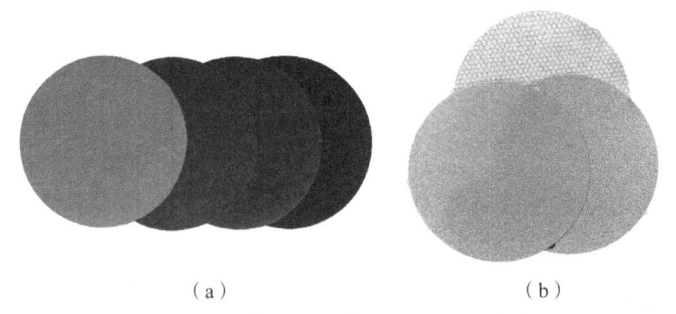

（a）　　　　　　　　　　（b）

图 10-9　磨制的耗材（上海中研仪器制造有限公司）

（a）砂纸；（b）金刚石磨盘

10.2.1　粗磨

由于粗磨过程需要较大的磨损量，可适当选择较粗砂纸，也可使用磨抛机进行粗磨以减轻手工作业的强度，图 10-10 所示为智能自动金相磨抛机 ZMP-2000。如选用 60#砂纸，对比预磨机转盘尺寸裁剪砂纸，可适当使砂纸尺寸较转盘小一些，确保盘箍能顺利安装；但不能太小，防止使砂纸从环形箍内径脱出。打开预磨机选择中低速（200~300 r/min），同时开启冷却水，防止磨损引发的发热改变组织。

图 10-10　智能自动金相磨抛机 ZMP-2000（上海中研仪器制造有限公司）

先粗磨上下表面，除去加工车痕、氧化层和镶嵌起伏。用顺用手拇指和中指捏紧样品两侧，食指按压在样品上顶面。将样品磨面朝下，适当按压在转动的砂纸上。样品应放置在砂纸圆心向外半径2/3处，太靠外空间限制不易操作，太靠内转速太低。接触处转盘转动方向应背离操作人，避免试样脱手后受转盘带动撞击操作人。尽量按压试样上表面中央位置，不时拿起样品观察表面，确保下表面不同区域均匀粗磨，直至车痕及黑色氧化层全部去除。如果试样上表面坑坑洼洼，也可以用上述的方法将上表面找平。

再进行倒角，从而避免上下锋利圆边缘划伤皮肤。如图 10 - 11 （a）所示，操作时双手务必紧握样品，根据样品尺寸适当调整握姿。如是长圆柱，则一手拇指、食指、中指紧握试样尾端，另一手此三指捏紧试样中部；如是扁圆柱，则两手此三指从上下表面捏紧试样，手捏位置尽量确保在试样上 1/3 ~ 1/2 处。倒角时，试样与砂纸成 45°，通常用顺用手旋转试样，此时非顺用手放松，待旋转至手指极限后，非顺用手握紧样品，顺用手回程并再次重复转动。双手交替握紧试样，确保双手手指尖为最靠近砂纸的部位，以防磨伤皮肤。倒角过程要拿起样品观察倒角情况，避免倒角不均匀。如图 10 - 11 （b）所示，粗磨后试样表面深的车痕和氧化层被去除，试样边缘圆滑。

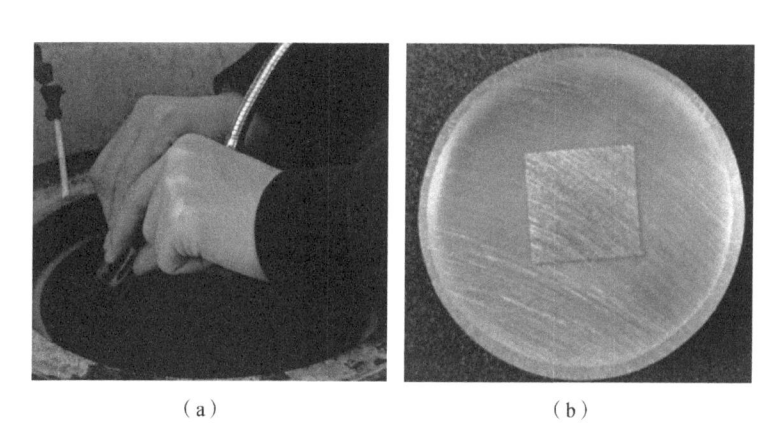

（a）　　　　　　　　　　（b）

图 10 - 11　粗磨

(a) 倒角握姿；(b) 粗磨后试样

10.2.2　精磨

前述倒角所用为60#砂纸，可一直精磨至2000#砂纸甚至40000#砂纸。一般使用 4 ~6 张由低到高目数砂纸进行精磨，如 180#、320#、600#、

1000#、1500#和2000#。磨制前准备一处较大的表面平滑的桌面或玻璃板，避免表面起伏而产生新的划痕。

将砂纸长边横放，一手捏紧样品，一手压好砂纸，样品握姿可根据个人习惯调整。适当按压样品从砂纸一侧由内向外推磨，经摩擦后砂纸上会留下白色划痕；再把样品无压力拉回至无白色划痕砂纸区域，保持样品平动不发生转动，从而确保表面上划痕方向一致；按压外推动作大概30次就可以磨完一张砂纸了，过程中可以多次翻过试样观察底部划痕是否与外推方向一致。从低目数砂纸磨起，当只有沿外推方向的划痕时，即可更换砂纸。更换砂纸后，将试样旋转90°，使原先取向相同划痕与即将磨制的方向垂直，重复磨制过程，如图10-12所示，当观察到垂直于外推方向的划痕完全消失且只剩沿外推方向的划痕时，便可更换砂纸；磨制至2000#砂纸就可以进行抛光了。

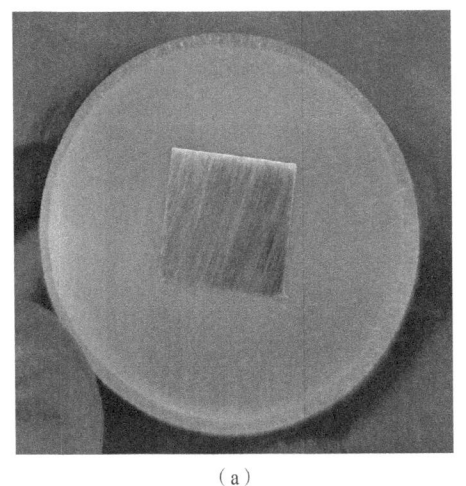

(a) (b)

图10-12 粗磨

(a) 精磨后肉眼观察；(b) 精磨后用光学显微镜观察

根据实际经验，提出几点注意事项。如图10-13所示，手指尽量垂直按压，若与竖直方向成一定倾角按压，会使试样特定位置磨损较快，其他区域磨损较慢，导致样品表面出现两个相交面。因此，磨制过程中应及时翻转观察。当砂纸从低到高目数更换时，磨制速度和按压力都要逐渐降低，一步一步地减少划痕和应力层深度。每次更换砂纸后，应清理桌面、抖动新砂纸，避免上次磨制产生颗粒的影响。

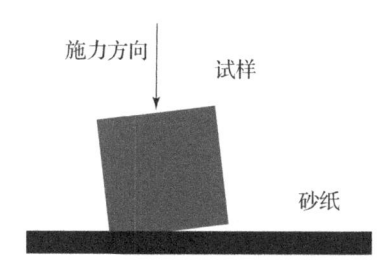

图 10-13 按压力倾斜造成不同位置的磨损速度不同

除了手工磨制，还可以采用机械磨制。除了采用不同目数的砂纸，还可以用金刚石磨盘代替砂纸，开启金相磨抛机的电源后，磨盘自动转动完成磨制。同样地，判断划痕方向一致后即可停机更换高目数的金刚石砂盘。需要注意的是，更换金刚石砂盘后要降低转盘转速并减轻按压力；应戴好手套防止快速转动的磨盘伤手。

10.3 抛光

抛光是为了去除最后一道砂纸在试样磨面产生的划痕和部分应力层，使磨面呈现光滑明亮的镜面，为后续的腐蚀做好准备。根据原理不同，抛光可分为机械抛光、化学抛光、电解抛光、超声波抛光和流体抛光等。化学抛光是把材料放置于化学介质中，其表面微观凸出的部分相较于凹下的部分会优先发生溶解。电解抛光的基本原理与化学抛光相似，同样是对表面微小凸出部分进行选择性的溶解。超声抛光主要应用于脆硬材料，利用工具断面作超声波振动，借助磨料悬浮液对脆硬材料展开抛光操作。流体抛光凭借流动着的液体以及液体所携带的磨粒对表面进行冲刷，以此来实现抛光。

机械抛光应用广泛，即在试样和高速转动的抛光布之间加入金刚石磨粒，抛光布带动磨粒切削去除掉表面起伏区域。在抛光过程中需要用到抛光机、抛光织物、抛光微粉、滴瓶、手套和吹风机等。抛光机类似于前述的金相磨抛机，由电驱动转盘。抛光织物的材质有棉质、麻质、丝绸、羊毛等材质，常常使用的是短丝绒材质的（图10-14）。抛光微粉包括悬浮液抛光剂、抛光液和膏状研磨膏（图10-15）。

图10-14 短丝绒、呢料和羊毛抛光布（上海中研仪器制造有限公司）

（a） （b） （c）

图10-15 抛光微粉（上海中研仪器制造有限公司）
（a）金刚石喷雾抛光剂；（b）纳米抛光液；（c）金刚石抛光膏

首先，将抛光布固定在抛光机上，涂抹抛光膏，此处使用金刚石抛光膏，粒度为 2.5 μm。涂抹方式无固定要求，能紧紧粘在抛光布上即可。通常使用"三线法"，如图10-16（a）所示，沿转盘半径从最外径到圆心挤出一条抛光膏（越靠圆心越细），转动120°再挤出第二条和第三条，然后将挤出的抛光膏沿周向抹匀。

手持试样开始粗抛、精抛和水抛。开启电源，一手持试样、一手持滴瓶。向转盘中心挤入少量水润湿抛光布，抛面向下开始将样品按压在抛光布最外圈，按压力小一些，使涂抹的抛光膏均匀分布。当观察到外圈按压区域变成均匀的白圈后，就可以向内移动试样以使抛光膏在整个抛光布上均匀分布。抛光过程中，发现抛光布发干后就应挤入适量的水。

再将试样按压在最外圈，外圈转速最快，增大压力可以快速将粗划痕去除，当发现白圈消失后就可以向内移动试样。应不时观察抛光面的情况，从而适当调整抛光压力和角度。直至外圈1/3半径的抛光膏全部耗尽后，粗抛过程结束，用时约2 min。在内2/3半径区域精抛要降低按压力，精抛时可以适当旋转、前后左右移动样品，当样品所在位置出现明显白环带时，说明样品正处于有效抛光状态。注意适时加水冲洗掉多余抛光膏和磨削产物，并向中心移动试样继续精抛直至盘心抛光膏被耗尽，用时约4 min。水抛全程需充足加水，如图10-16（b）所示，操作过程类似于精抛，但按压力更小，用时约1 min。

图 10-16　抛光

（a）三线法；（b）水抛过程

完成水抛后，使用大水冲洗试样表面，有条件的可以用镊子夹着棉花边冲洗边擦拭，注意不要划伤抛面。冲洗后用酒精润洗，并迅速用吹风机的冷风模式吹干。对着迎光方向观察试样表面有无明显的划痕、点坑，如果呈现完整镜面，说明抛光完成，图10-17显示抛光后样品的良好状态。

(a) (b)

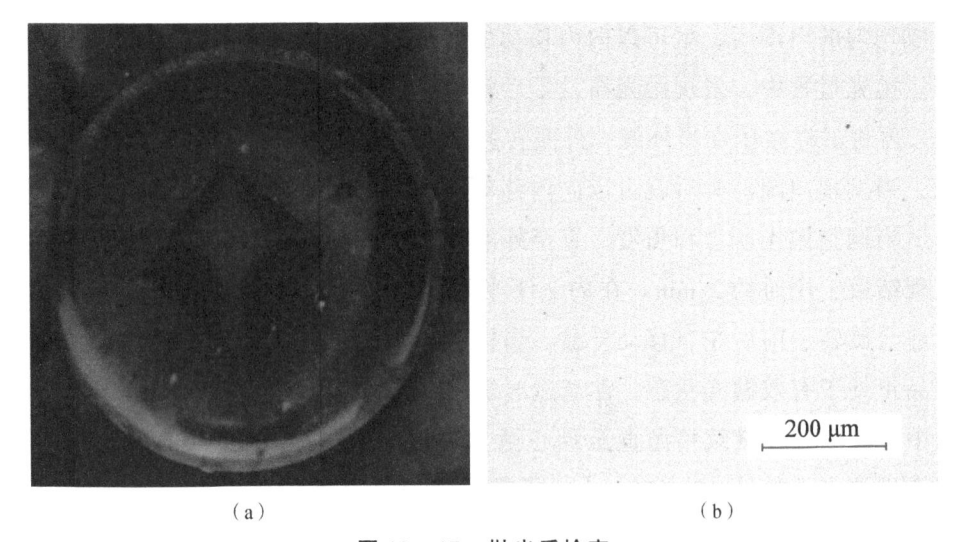

图 10-17 抛光后检查

(a) 抛光后呈镜面，可见手机摄像头；(b) 光镜下无明显划痕

10.4 腐蚀

腐蚀是用特定的化学试剂腐蚀试样表面，因材料组织不同，耐腐蚀程度不同，从而显示出不同的组织。常用的方法为化学浸蚀法，下面以钢铁材料的腐蚀为例进行讲解。

在腐蚀之前需要准备好腐蚀液（4%硝酸酒精）、镊子、棉花、秒表、酒精和吹风机等。如图 10-18 所示，根据操作方式不同，分为浸蚀法、滴蚀法和擦蚀法。

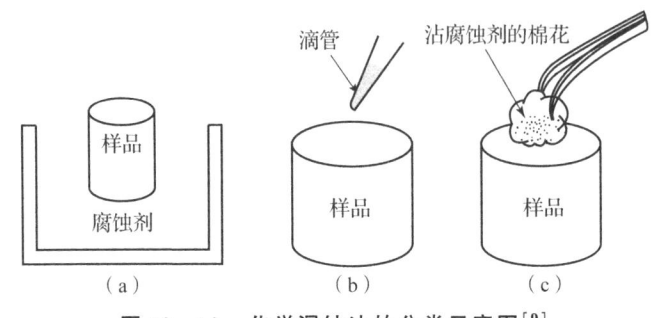

图 10-18 化学浸蚀法的分类示意图[9]

(a) 浸蚀法；(b) 滴蚀法；(c) 擦蚀法

（1）浸蚀法，是将样品抛面倒置放入腐蚀液中进行腐蚀。手持或用镊子夹着样品使其抛面向下浸入腐蚀液中，保持一段时间（如 10~35 s）；然后取出样品迅速用水冲洗，接着用酒精冲洗，使样品表面被酒精完全包覆；再用吹风机冷风快速吹干。如图 10-19（a）所示，试样表面不再明亮，变为白灰色，说明腐蚀恰到好处。正确腐蚀后样品组织完全显示，如图 10-19（b）所示。

(a)

(b)

图 10-19　腐蚀后的样品

(a) 腐蚀后肉眼观察表面；(b) 腐蚀后的金相组织

（2）滴蚀法，是利用胶头滴管将腐蚀液滴到样品表面进行腐蚀。一手持镊子夹紧样品，抛面向上；另一手进行腐蚀操作。先用蘸有酒精的棉花球擦拭润湿表面，用胶头滴管在抛面上滴加腐蚀液，利用表面张力在抛面上维持一层腐蚀液。后续的观察、冲洗和吹干，与浸蚀法一样。

（3）擦蚀法，是将样品倾斜约45°，用蘸有腐蚀液的棉球轻轻擦拭样品的表面。后续的观察、冲洗和吹干，与浸蚀法一样。

10.5　金相观察

经腐蚀后，通过金相显微镜可以观察微观组织。金相显微镜主要是借助光所产生的折射、反射以及透射等诸多现象，运用专门的照明系统和透镜系统，从而在显微镜里清晰地呈现出样品上的细微结构。通常情况下，金相显微镜会配备具有高分辨率的物镜和目镜，还具备一套能够进行灵活调节的光源系统。图10-20所示为6XC-ST金相显微图像分析系统。将试样观察面倒置在载物台上，调整显微镜各参数，通过中间小孔观察表面组织。

图10-20　6XC-ST金相显微图像分析系统（上海中研仪器制造有限公司）

显微镜放大倍数由目镜和物镜配合确定，即目镜放大倍数×物镜放大倍数。如图10-21（a）所示，目镜位于观察镜筒位置，操作过程中为保持观察连续性不宜更换，通常选择固定倍数。如图10-21（b）所示，物镜靠近载物台，多个不同倍数物镜固定在一个转盘上，观察过程中可以转动来调整放大倍数。

（a）　　　　　　　　　　　　　（b）

图 10 – 21　显微镜

（a）固定的目镜；（b）可转动的物镜

定好放大倍数后，需要调整载物台位置，确保在镜头中可观察到样品，再调节视场明暗适当，图 10 – 22 所示为显微镜调节旋钮。利用高度调节旋钮①和②调整载物台高度，当样品表面位于物镜焦平面时，通过目镜才能看清组织形貌。先用旋钮①粗调迅速地找到焦平面，再用旋钮②细调使组织进一步清晰。在高度调整完成后，可通过 X 轴调节旋钮③和 Y 轴调节旋钮④在水平面上移动载物台，从而观察样品其他区域。在观察过程中，可以旋转显微镜机身右侧的亮度调节旋钮⑤，顺时针旋转为增强亮度。

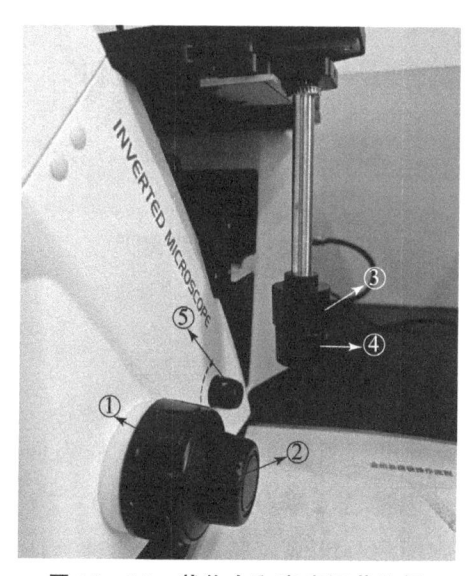

图 10 – 22　载物台和亮度调节旋钮

10.6 组织缺陷及其改进措施

在制备金相样品时会出现一些常见问题，因为纯铁强度低、组织简单，所以在金相制备时容易出现缺陷。此处主要以纯铁金相制备为例，介绍几种金相缺陷类型及其改进方法。

10.6.1 腐蚀程度深浅

当腐蚀时间过短时，导致晶界未完全显现。如图 10-23（a）所示，可观察到组织晶界过浅且不连续。根据晶界显现的程度，适当增加腐蚀时间，重新进行腐蚀。如图 10-23（b）所示，晶界过粗，晶粒颜色过深，说明腐蚀时间过久，需添加少量研磨膏重新抛光后，再重新腐蚀。

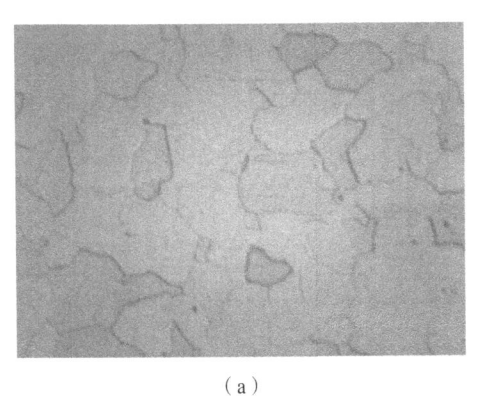

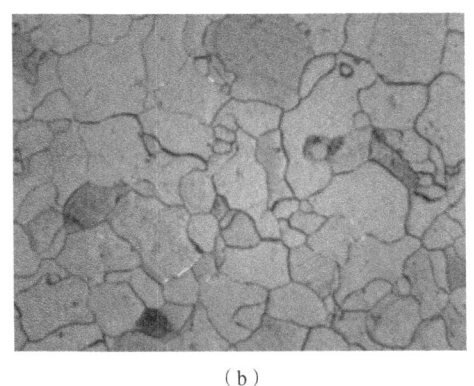

(a)　　　　　　　　　　　　(b)

图 10-23　腐蚀程度[10]

(a) 腐蚀不足；(b) 腐蚀过度

10.6.2 腐蚀液残留

试样侵蚀过后应充分进行酒精冲洗，须将试样表面残留的侵蚀剂冲洗干净后再吹干。有时试样未冲洗干净便会出现图 10-24 所示的缺陷，在吹干过程中腐蚀液会持续腐蚀部分区域，导致过度腐蚀。应使用少许研磨膏重新进行抛光和腐蚀，注意腐蚀后应冲洗干净。

图 10 – 24　腐蚀液残留[11]

10.6.3　晶粒泛黄

如图 10 – 25 所示，由于样品在抛光过程中发热严重，导致晶粒泛黄。需重新抛光和腐蚀，注意抛光时减轻按压力度并及时加水。

图 10 – 25　晶粒泛黄[10]

10.6.4 组织塑性变形

如图 10-26 所示,由于磨抛时用力过大或不均,导致组织发生塑性变形。需重新抛光,在磨抛时减轻用力和注意用力的均匀性。

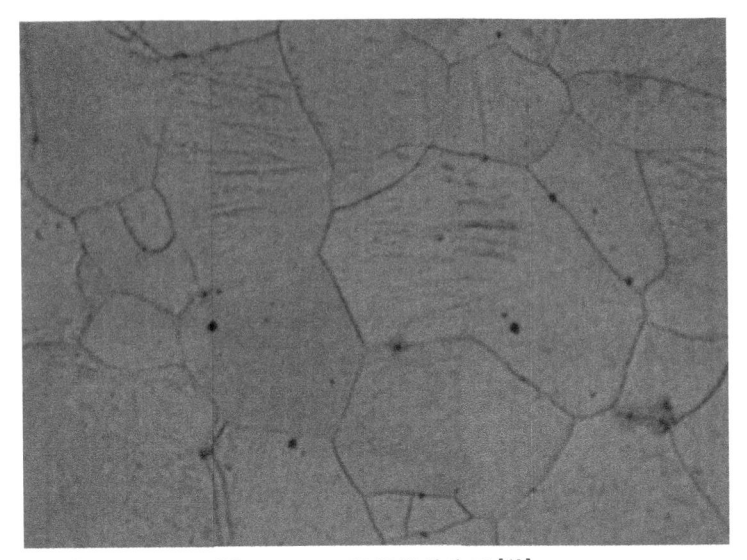

图 10-26 组织塑性变形[10]

10.6.5 假象

一方面纯铁质地软,另一方面在磨抛过程中用力不均匀,产生了变形损伤层,且后期没有采取措施去掉变形层,导致腐蚀后出现假象。如图 10-27 (a) 所示,低倍显微镜下铁素体晶界边缘或内部出现类似晶界但又模糊的边缘;如图 10-27 (b) 所示,高倍显微镜下铁素体晶粒内部出现高低不平的变形层。

消除假象有两种方法:一是在磨制过程中均匀用力,尤其是刚刚开始的一两张砂纸,切不可用力过大,在整个磨制过程中,力由大到小变化;二是在抛光过程中不能施加过大压力,不可保持一个姿势一直抛光,要从抛光布的边缘到中心来回移动。

(a)

(b)

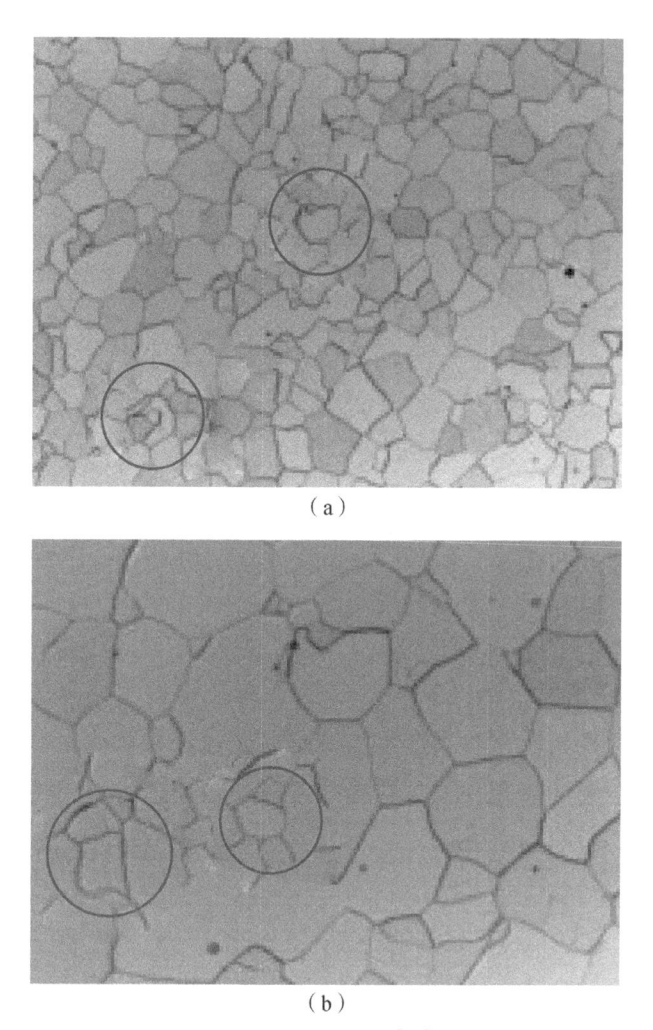

图 10 - 27 假象[10]

(a) 低倍假象;(b) 高倍假象

10.6.6 麻点

如图 10 - 28 所示,纯铁金相组织中的麻点常在抛光过程中出现,一般是残留的抛光膏或者是抛光布脱落的细小纤维。通常的解决办法是将抛光布用清水洗净后再装上重复抛光,或者最后在抛光布中间干净的地方用清水抛光。抛光结束后立刻用清水冲洗,随即用无水乙醇脱水处理,再用吹风机吹干。特别地,清水冲洗和无水乙醇脱水处理步骤要连续。

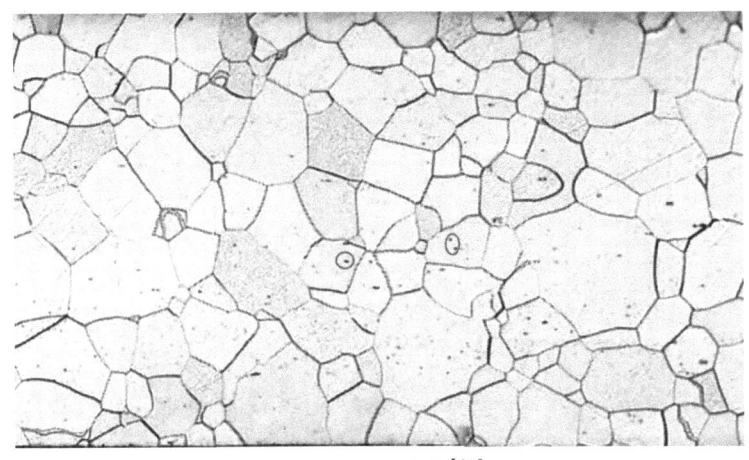

图 10 – 28　麻点[12]

10.6.7　黄斑

如图 10 – 29 所示，当纯铁中的非金属夹杂物发生明显氧化时，黄斑会形成。在以下两种情况下容易产生：一是抛光过程中加水过少，干抛导致纯铁内非金属夹杂物的氧化；二是在无水乙醇脱水处理的过程中，无水乙醇的

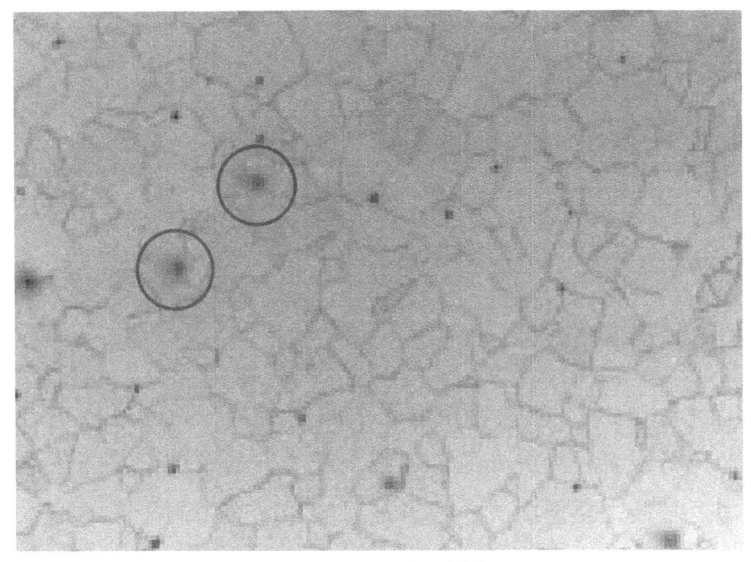

图 10 – 29　黄斑[10]

量不够，非金属夹杂物与水中的溶解氧反应发生氧化。基于此，常用的解决方法有两种：一是在抛光过程中注意持续加水，试样拿起时表面有微微湿润为最佳；二是清水冲洗后及时用足量的无水乙醇冲洗，避免试样表面与水直接接触过长时间。

参 考 文 献

[1] 姚鸿年.金相实验技术的现状及其发展[J].理化检验:物理分册,1994,30(5):4.

[2] 苏富比.宇宙奥秘,触手可及:鉴藏陨石入门指南[EB/OL].[2024-11-24].https://editor-api.cls.cn/api/audit/article?id=1088010.

[3] 金帅,王会强,赵建新,等.金相制备技术的发展[J].热处理,2024,39(5):1-5.

[4] 盖德化工网.川禾Truer镶嵌树脂冷镶嵌树脂环氧树脂高透保边多孔试样[EB/OL].[2024-11-24].https://china.guidechem.com/trade/pdetail7160597.html.

[5] 马秋彦,汪加楠,孙少娟,等.基于金相技术的金属材料显微组织分析[J].河南冶金,2021,29(3):8-10+51.

[6] TROJAN.【干货】金相制样之热镶嵌技巧.[EB/OL].[2024-11-24].https://www.trojanchina.com/News_dt_1/76.html.

[7] TROJAN.特鲁利推出新款真空镶嵌机-ThetaVAC-2.[EB/OL].[2024-11-24].https://www.trojanchina.com/News_dt/70.html.

[8] 周飞扬.工业纯铁金相试样的制备工艺[J].中国金属通报,2021(9):20-21.

[9] 陈正道.金相试样的正确制备[J].热处理,2022,37(1):40-45.

[10] 刘欢,胡标,王庆平,等.金相样品制备技巧及常见问题分析[J].机械工程与自动化,2023(2):179-181.

[11] 孙少娟,马秋彦,张鹏,等.试析普通碳素结构钢金相试样的制备方法[J].冶金与材料,2021,41(1):137-138.

[12] QC检测仪器.钢铁材料常见金相组织简介[EB/OL].[2024-11-24].http://www.qctester.com/News/details?Id=25006.